南大STS学术前沿文丛　蔡仲　刘鹏／主编

当代科学划界研究

从科学到技性科学

黄秋霞　著

中国社会科学出版社

图书在版编目（CIP）数据

当代科学划界研究：从科学到技性科学 / 黄秋霞著 . —北京：中国社会
科学出版社，2022.11

（南大 STS 学术前沿文丛）

ISBN 978 - 7 - 5227 - 0872 - 0

Ⅰ.①当…　Ⅱ.①黄…　Ⅲ.①科学哲学—研究　Ⅳ.①N02

中国版本图书馆 CIP 数据核字（2022）第 172609 号

出 版 人	赵剑英
责任编辑	刘　芳
责任校对	郭若男
责任印制	李寡寡

出　　　版	中国社会科学出版社
社　　　址	北京鼓楼西大街甲 158 号
邮　　　编	100720
网　　　址	http://www.csspw.cn
发 行 部	010 - 84083685
门 市 部	010 - 84029450
经　　　销	新华书店及其他书店
印　　　刷	北京君升印刷有限公司
装　　　订	廊坊市广阳区广增装订厂
版　　　次	2022 年 11 月第 1 版
印　　　次	2022 年 11 月第 1 次印刷
开　　　本	710×1000　1/16
印　　　张	13
字　　　数	190 千字
定　　　价	75.00 元

前　　言

在当代 S&TS① 的视域中，科学家、决策者、资助者与实践者等多元利益主体之间形成了一种新型的互动关系，这种产学研多元共建模式将所有的网络联结为一个整体，这些利益相关的异质化行动者共同内化在科技创新创业的过程之中，如学院科学投身于风险资本的创造、企业强势介入实验室的基础研究、公众和媒体广泛参与科学争论等。行动性的技性科学（technoscience）研究逐渐取代了认知化的纯科学研究，以科学、技术与社会之间相互交织、难以分离的互动性状态，呈现出一种兼顾认知辩护性与社会可接受性的杂合网络体系。正是在这一社会化过程之中，植根于认知辩护语境之中的划界路径，难以裁定学院科学与商业结合过程中所涌现的科学与伪科学活动，传统赋予科学以权威性知识特权的认识论机制，也在抵御应用语境的各种失范行为的过程中逐渐失效。

在当代技性科学背景下重塑科学划界，必须认识到科学共同体外部的利益、权力、政策等社会因素对科学的渗透是不可避免的，科学既被积极构建于科学共同体之内，也被积极构建于科学共同体之外的文化和社会中。鉴于科学与社会之间所维系的一种开放且模糊的边界，库恩（Thomas Kuhn）与吉瑞恩（Thomas Gieryn）试图从本质主义的划界辩护走向建构论意义上的划界活动，前者以范式与科学共同体的互构来塑造一种科学共同体内部的实践划界模式，后者则以科学行动者的边界活动来塑造一种文化公信力竞争的社会划界模式。但是库恩的视野局限在科学共同体内部，并未真正认识到现代化社会背后

---

① "科学技术论"（Science and Technology Studies，简称为 S&TS）。

科学、技术社会化的趋势，吉瑞恩则以纯粹社会学的方式解读科学行动者的边界活动，将所有的认识论因素排除在外，这导致他们无法在承认科学的社会运作机制的前提下，解释现代科学所负载的认知权威，而这正是当代 S&TS 视域下科学实践哲学所要考察的内容。

当代科学哲学实践转向强调在本体论范畴上实现从知识到实践的科学视域转变，重新回归"唯物论"，在此意义上，哈金（Ian Hacking）主张从表征主义的认识论划界转向干预主义的本体论划界，以此通过实验室科学的自我辩护来实现科学在认知上的可辩护性。但是哈金的干预主义划界理论规避了实验室科学之外的宏大社会，进而忽视了科学在社会上的可接受性，由此，科学事业需要从实验室科学走向科学、技术与社会一体化的技性科学。在这一科学转向技性科学的"时代断裂"中，拉图尔（Bruno Latour）与布尔迪厄（Pierre Bourdieu）试图从宏大叙事的理论划界转向追随行动的实践划界。具体来说，拉图尔的行动者网络理论提供了一种描述主义的微观划界路径，布尔迪厄的科学场理论提供了一种规范主义的宏观划界路径，前者在哈金的干预主义划界的基础上，强调了实验室科学内外的网络建构，后者在库恩的实践划界的基础上，强调了科学共同体内外的社会建构，进而将科学划界立足于当代技性科学的真实运作机制之中。

也正是伴随着科学技术的市场化趋势，科学活动中的各种谬误开始以新的表现形式，弥散于当前"创业型科学"的日常实践，传统"表征"（理论）维度的错误信仰，逐渐为"干预"（实践）维度的不当活动所取代，这些活动通过纠缠于社会运作机制来掩盖自然有效性的缺失，进而损害社会利益以破坏公众对于科学权威性的信任。基于这一现实观照，科学划界问题的研究仍极具必要性与重要性，但是当代科学划界工作不能停留于传统科学哲学的柏拉图式思考，而应走向范例性的案例研究，即以技性科学视域中的划界理论对创业型科学的风险与冲突进行哲学审视，以此扎根于科学家的日常实践来满足技性科学视域下普通民众的诉求以及公共决策的现实需要。

具体来说，当代科技创新创业风险主要有两类：一类是伪科技创新风险，另一类是边界活动风险，这两者给社会和整个世界带来了灾难性后果。但是实践层面上的反击效果并不理想，主要是技术决定论和社会建构论的认识误区导致行动的偏差。而这正是当代科学划界工作的任务所在。第一，以技性科学视域中的划界对伪科技创业现象进行哲学反思。在科技创业的浪潮中，出现了大量的伪科技创业现象。伴随着当代 S&TS 视域下的科学—技术—社会一体化趋势，一方面，自然有效性的丧失，为伪科技创业伪装成认知上有根据提供了认识论根源；另一方面，科学场自律性的缺失，为伪科技创业者骗取科学共同体的承认提供了"建制"基础。基于此，在科技创业实践过程中贯彻以实验室科学的自我辩护为基础的划界活动，并依靠融入当下创业型科学情境的科学规范，可以在根源处规避伪科技创业现象的发生。第二，以技性科学视域中的划界对资助效应进行哲学审视。基于学院科学与产业界的交互创新模式，企业资助与偏见行为之间呈现出一种强利益关联性，这一科学研究的偏见效应在认识论上以社会的可接受性掩盖认知的可辩护性，在社会学上破坏科学行动者之于科学规范的遵循。因此，后学院科学视域下的技性科学研究，不仅要求在描述性进路上追踪行动者之间的争议性活动，还需要考虑在规范性进路上促进科学共同体之间有效的批判互动，以此在 S&TS 视域下的划界活动中寻求"求真"与"逐利"之间的平衡，并提供一种新的哲学进路和方法论借鉴。

因此，鉴于当代技性科学熔铸在社会实践之中，我们可以通过划界工作来反思科学—技术—社会一体化趋势下"可接受的技性科学"产生的认知和社会语境，即在微观上是否满足转译链条的连续性，在宏观上是否满足科学场的入场券要求，以此将"不可接受的技性科学"排除在科学的图景之外。

目　　录

绪论 在 S&TS 视域下重审科学划界

在传统的科学哲学视域中，科学的话语就是对自然实在的客观表征，这一祛情境的逻辑辩护过程披着价值无涉的客观性外衣，塑造出一种垄断性的认知权威。正是这一权威性地位，吸引了大量学术造假、越轨行为、意识形态上有偏见的科学和伪科学活动，这些不端行动者借以科学的名号来骗取政府、企业的资助和大众的信任，从而误导了社会公众的认知与实践，造成大量智力和社会资源的浪费。也就是说，当代科学与非科学/伪科学的界限的含糊性，导致业余人士对于作为体制内部的科学家与科学普遍持不信任的态度，甚至涌现某些结论，如科学与伪科学之间的区分，就像纯粹的权力和权威中正统与异端之间的区分，从而反过来纵容关于政治、性别或种族等各种意识形态。

基于科学技术对当今社会所造成的影响力的不断提升，伪科学、反科学对社会所造成的破坏也日益加剧，特别是伴随着科学家与大众之间的隔阂越来越大，伪科学家利用这些无法获得完备知识的公众，将自己伪装成科学正统思想的合法传播者，不断壮大自身的学说，扩大自身的社会影响力以干涉公众决策。对于科学行动者来说，他们足以基于科学教育的规训来毫不费力地辨析科学与伪科学，虽然他们无法理论化这种意会知识，但这并不会对其科学实践产生实质性影响。问题的关键在于，随着科技研发日趋复杂化与专业化，没有接受过标准化科研规训的普通大众，甚至包括其他专业领域的科学家和科学哲学家，根本无法对具体的科学与伪科学行为进行合理性的判断。他们对于某一陈述或活动是否科学的决断，仍依赖于科学共同体所公开宣告的共识性结论，特别是那些具有社会权威性的学术机构。例如，期刊的编辑必须充分考虑提交的论文是否符合该期刊的专业范畴，由此才能决定是否将其发送给审稿人。政府基金机构也必须将那些目前在其专业领域内被公认为更有前途的研究计划与那些并不怎么样的研究计划区分开来，由此才能决定是否资助这一项目。

在此意义上，当代"科学技术论"视域下各种风险与冲突的现实观照表明，关于科学划界的研究仍具备存在的必要性，特别是在当代这一日益受市场逻辑和知识资源驱动的社会中，划界的消亡意味着放弃抵御伪科学与反科学思潮的最有力的理论武器。更为重要的是，当代的划界工作不能再局限于为科学家提供判断标准的理论旨趣，而应扎根于科学活动的日常实践，以更好地满足于技性科学视域下普通民众的诉求以及公共决策的现实需要。因此，在 S&TS 的视角下重审划界问题，有必要立足于具体的科学知识产生的认知和社会语境，以此来寻求科学—技术—社会一体化趋势下的科学划界转向，以及这些转向为解决各种风险问题所提供的本体论、认识论和方法论意义上的哲学导向。

第一节　当代 S&TS 研究的背景与定位

20 世纪 80 年代末 90 年代初，伴随着两极对峙格局的终结，国际政治形势或军事计划发生了变化，政府对于科研的支持力度不断锐减，科学家开始转投工业或商业领域来寻求资金支持，甚至直接投身于风险资本的创造之中。由此，科学的主战场从直接服务于国家政治与军事需求的"大科学"开始转向由于市场驱动的"创业型科学"（entrepreneurial science）。在这一创新促进和产业政策体系之中，一种结合了基础发现和应用研究兴趣的创业学术精神正在兴起，创业型科学正在成为一个有影响力的角色和平等的合作伙伴，且不受制于产业界或政府，迄今为止，相对分离和截然不同的科学和经济制度领域已经密不可分。① 在此意义上，世界范围内兴起了科技创新创业的浪

① Henry Etzkowitz, *MIT and the Rise of Entrepreneurial Science*, London and New York: Routledge, 2002, p. 150.

潮，国内也在不断推进"双创"政策，一种新的社会体制也得以诞生，具体表现为学院科学向"后学院科学（post-academic science）""后常规科学（post-normal science）""模式 2 科学（mode 2 science）""大学—产业—政府三螺旋（triple helix of university-industry-government）"的转向。

正是基于这一知识市场的扩张以及科技的商业化趋势，当代"科学技术论"日益兴起且发展壮大，它们通过对表象主义的"理论优位"的超越来实现从"作为知识的科学"向"作为实践的科学"的维度转变。[①] 科学事业不再是超越时空维度的普遍客观的真理追求，而是驻足在地方性情境之中进行行动性交流的实践活动，并构成性地嵌入社会实践、规范、话语以及制度网络之中。这一融科学、技术与社会为一体的新视角，塑造着一种不同于逻辑经验主义与社会建构主义的哲学进路。一方面，S&TS 关注于"技性科学"[②] 及其实践研究，包括科学技术与知识社会的独特话语、实践与文化，以及它们是如何伴随着历史的推移和物质文化语境的转换而不断变化并相互建构的；另一方面，S&TS 关注于科学技术所带来的全球风险，特别是在公众关注的敏感领域，诸如气候变化、生物剽窃、转基因食品、生物多样性的丧失、微型化技术甚至包括互联网发展等风险与冲突，以此来反思科学社会化过程中出现的科学资助、科技决策、专家与公众的交流等热点问题。

需要注意的是，在当代的学术研究领域中，"科学技术论"经常与"科学、技术与社会（Science，Technology and Society，简称为 STS）"混淆在一起，尽管二者从历史的角度来看存在着较大的差别，但是不同学者对这两个概念的使用不尽相同，甚至会出现混用这两个概念的情况，同时概念的分析也不是本书的重点。因此，本书以"科学技术论"为主要理论视角，采取一种较为狭窄的语义学意义，指代

---

① ［美］安德鲁·皮克林：《作为实践和文化的科学》，柯文、伊梅译，中国人民大学出版社 2006 年版。

② 拉图尔以"技性科学"这一术语来描述科学、技术与社会之间的结合方式，以此模糊科学与技术之间的界限、科学技术与社会之间的边界，以及消解自然与社会、主观与客观、物质与意识之间的传统分界，进而保证实践的可操作性取代科学在认识论上的超越性。

通过哲学和社会学的非专业视角和方法来研究关于科学技术的综合性
发现。其研究任务在于，在科学—技术—社会一体化过程中打开技性
科学的黑箱，对科学、技术进行哲学反思与社会科学研究，进而挑战
"在科学制度、教育制度以及其他制度中"为那些"因袭的意识形态
和神话……做出辩护并使之合法化的当下的实践"①，以此保证科学
知识和技术创新的无限可能性。

　　针对当代物质、意识与文化之间存在的长期、有争议的互动，大
部分社会科学的理论框架似乎都陷入了一种理论上的沉默，政治学、
经济学与社会学等主流论述都无法解释科学技术生产与自然秩序、社
会秩序纠缠在一起的混乱、不确定过程。相比之下，新兴的 S&TS 研
究却将这些风险社会中的矛盾与冲突作为基本关注点，侧重于展现知
识社会背后的结构、思想和物质产品及其变化的轨迹。在此意义上，
当代 S&TS 研究涵盖了丰富的理论和方法论视角，以系统突出物质、
文化和权力之间联系的形式，在科学技术与临近的社会科学领域进行
对话，例如企业如何实现科技创新、政府如何引导科学研究来提高生
产。由此，基于对社会风险问题的关注，当代 S&TS 研究不仅激发了
科学和技术研究人员的兴趣，而且足以在整个社会科学领域引起
反响。

　　在这一过程之中，关于科学技术的研究也日益从纯粹的微观追踪
转向微观与宏观兼备的分析进路，前者过于注重微观以至于无法令人
信服地与社会理论进行对话，而且规范性的缺失以至于它不足以构成
批判性思考。后者呈现出一种微观追踪与宏观分析之间界限日益模糊
化的方法论倾向，以此来满足社会理论和道德哲学的规范性关注。具
体来说，S&TS 早期坚持一种描述主义的微观路径，通过对真实的科
学进行历史与现实的考察来说明科学何以是科学，这一描述性的力量
并不来自理性，而是纯粹来自科学实践，由此，一切规范性的教条被
搁置一旁。但是基于当代各种风险危机所带来的方法论诉求，科学哲
学有必要为科学研究制定一套切实可行的研究规范。尽管科学哲学家

①　［美］希拉·贾撒诺夫等编：《科学技术论手册》，盛晓明等译，北京理工大学出版
社 2004 年版，第 16 页。

普遍承认，他们目前仍无法建立一套统一且普遍的科学方法论，但是他们仍渴望获得一种规范性的力量，这种力量能够保证科学这一研究领域比其他领域更具有认知上的权威性。因此，当代 S&TS 视域下的科学技术研究所面临的挑战在于，如何在承认科学的社会运作机制的前提下，且不诉诸传统科学哲学家或科学社会学家所苛求的本质属性的情况下，从描述性与规范性两个维度来维系现代科学在解读自然上的认知权威性，而这也正是当代科学划界的任务所在。

第二节　划界研究的历史与现状

自劳丹（Larry Laudan）宣告"划界问题的消亡"以来，大多数当代科学哲学家开始相信，根本不存在一组必要和充分的划界标准，能够提供一组适用于所有知识领域的必要和充分条件，无论何种特殊情况，它都能告知我们一个陈述到底是科学的还是非科学的。① 例如大约 50 年前，一项针对 176 名美国科学哲学协会成员的调查表明，89% 的调查对象认为我们尚未发现普遍的划界标准。② 但是实际上，劳丹献给科学划界的安魂曲还为时过早，他的批判只针对非常狭隘的划界纲领，也就是说，劳丹将划界的门槛抬得太高，纠结于形式化的划界标准背后的技术问题和反常状态，因而过于夸大程度和后果以至于草率地作出消亡说明。在此意义上，有必要对科学划界问题的历史与现状进行逻辑重构和理论梳理，并以此来重新审视科学划界的合法地位。

关于科学与非科学划界的文献主要包括两种划界方案。第一种方案提供了一种关于科学本质的详尽定义，即根据一组必要和充分的条件来断定某一陈述是科学；第二种方案遵循多元化的途径，先是罗列科学、非科学甚至伪科学的特征，然后只要某一陈述未能满足其中的

---

① Larry Laudan, "The Demise of the Demarcation Problem", in Cohen R. S. and Larry Laudan eds., *Physics*, *Philosophy and Psychoanalysis*, Dordrecht: D. Reidel Publishing Company, 1983, pp. 123 –124.

② Brian J. Alters, "Whose Nature of Science?" *Journal of Research in Science Teaching*, Vol. 34, No. 1, 1997, p. 44.

一条标准，就将它排除在科学之外。前者呈现出一种以确立本质主义标准为最终旨趣的划界模式，后者则选择以一种更为复杂的多标准方法来具体化划界的普遍标准。

一 本质主义划界标准的路径

在西方哲学的认识论视域中，哲学家一直试图为知识、科学或好科学制定一个必要和/或充分条件的形式标准来解决划界问题。历史上的划界标准涉及了哲学的所有主要领域，包括（1）知识对象的本体论地位，如柏拉图式的形式、亚里士多德式的本质；（2）研究成果的语义学地位，如科学与自然提供真实或至少有意义的大量陈述；（3）研究成果的认识论地位，如科学作为确定的、必然的、可信的或有根据的陈述；（4）陈述的逻辑形式，如普遍的或特殊的、根据陈述导出语言；（5）价值理论，或者说提出或评估理论的规范性方法，如效仿库恩的范例解决方案来解决某一特定问题。①

最初，亚里士多德的划界诉求在于，通过区分确实可靠的知识与可错的意见来追溯第一因和真实本质，也就是说，只有当一个陈述是普遍的、绝对确定的以及因果解释的，那么它才是科学的。② 之后，伴随着现代西方科学的兴起，伽利略、牛顿、惠更思以及其他17世纪的自然哲学家，强调从大量实验观察中归纳得出陈述并不断接受新事实的检验，基于此，如果一个陈述属于科学知识，那么它只需满足事实上的确定可靠性，并不要求展现这一陈述背后的因果性或本质性特征，进而以实践的确定性来取代证明上的确定性。③ 但是到了19世纪，鉴于确定性不符合处于不断修正中的科学史事实，19世纪认识论中的可错论（fallibilism），采取了一种自我调整或逐渐逼近真理的

---

① Thomas Nickles, "The Problem of Demarcation: History and Future", in Massimo Pigliucci and Maarten Boudry eds., *Philosophy of Pseudoscience: Reconsidering the Demarcation Problem*, London: The University of Chicago Press, 2013, p. 104.
② ［古希腊］亚里士多德：《亚里士多德全集》第7卷，苗力田译，中国人民大学出版社1993年版。
③ Barbara Shapiro, *Probability and Certainty in Seventeenth-Century England: A Study of the Relations between Natural Science, Religion, History, Law and Literature*, Princeton, NJ: Princeton University Press, 1983.

科学方法论进路，即一个陈述是科学的，当且仅当，它是合理运用"某一"科学方法的产物，例如密尔的五种归纳方法①和惠威尔的最佳说明推理。② 这一从内容回到方法的传统路径的主要问题在于，它以适用于所有真科学的"某一"科学方法为基础，却难以在它是什么上取得共识。

随着科学哲学作为一门专业的学科得以出现，划界问题才真正成为主流科学哲学（逻辑实证主义与证伪主义）的主要研究命题之一。波普尔（Karl Bopper）在《科学发现的逻辑》中首次使用"科学划界"来标记区分科学与非科学的任务，并将经验上的可证伪性作为经验科学从其他形式的知识（数学、逻辑、形而上学等）中辨析出来的试金石。③ 这种可证伪性并不意味着实际的证伪，而是强调一种逻辑上的可证伪性，也就是说，一个陈述在逻辑上是可证伪的，当且仅当，至少存在一个与之矛盾且可想象的可能事态，在此意义上，"为了使陈述或陈述系统具有科学性，必须能够与可能的或可以想象的观察相冲突"④。基于此，波普尔用这一理论来反对当时公认的划界问题的标准答案：逻辑实证主义受维特根斯坦的启发，不再将已证实的真理，而是将经验上的可验证性视作科学划界的标准。也就是说，逻辑实证主义认为，一个陈述是科学的，当且仅当，它在经验上是有意义的，而它在经验上是有意义的，当且仅当，它在经验上具备原则上的可证实性。⑤ 然而，在波普尔看来，一个陈述被标记为科学，并不是因为它来自大量"奏效了"的事实，也不在于其极高的归纳论证程度，而是因为它产生了可被证伪的逻辑结果。

---

① John Stuart Mill, *A System of Logic*, *Ratiocinative and Inductive*, Honolulu：University Press of the Pacific, 1843.

② William Whewell, *The Philosophy of the Inductive Sciences*, London：Parker, 1840.

③ ［奥］卡尔·波普尔：《科学发现的逻辑》，查汝强、邱仁宗、万木春译，中国美术学院出版社 2007 年版，第 10 页。

④ Karl Popper, *Conjectures and Refutations*：*The Growth of Scientific Knowledge*, New York：Basic Books, 1962, p. 39.

⑤ 例如，［德］路德维希·维特根斯坦：《逻辑哲学论》，郭英译，商务印书馆 1985 年版；［德］鲁道夫·卡尔纳普：《世界的逻辑构造》，陈启伟译，上海译文出版社 1999 年版；［英］A. J. 艾耶尔：《语言、真理与逻辑》，尹大贻译，上海译文出版社 2006 年版。

　　但是正如卡尔·亨佩尔（Carl Hempel）对逻辑实证主义、操作主义者与波普尔等所提出的各种划界标准的失败历史所进行的概括和评估，① 传统科学哲学所提出的认知标准既宽松又严格。比如，占星术主张星座与个人的性格特征之间存在显著的联系，这一主张是可证伪的，而且已在统计学上经历了多次检验和反驳。但是占星术所谓的理论体系显然不足以称为科学，如果不全然诉诸超自然的因素，它就无法解释自身的数据以及事实。在此意义上，可验证性或可证伪性标准的确能识别出某些伪科学的主张，但一旦面对那些可被驳倒或不断被驳倒的大量伪科学案例，它就失效了，也就是说，逻辑主义（逻辑实证主义和证伪主义）的划界路径，无法完全正确地应对现实生活中所展示的真实科学与伪科学。

　　与此同时，逻辑主义的纯辩护逻辑进路，遭到了迪昂（Pierre Duhem）和奎因（W. V. O. Quine）的诘难，科学史清楚地说明了科学家并不会在理论被证伪后立即抛弃理论，只要他们还认为理论仍是有前途的，那么他们还是会通过辅助性假说来挽救该理论。② 例如，天文学家清楚知晓牛顿力学无法解释天王星的轨道，但仍通过添加或修正辅助性假说来使牛顿力学免于被证伪。也就是说，科学并不是一种逻辑上统一的认知活动，科学假设和理论在真实的科学情境中是捆绑在一起的，并不会单独经受经验的检验，这项具体的检验无论是在实验室还是田野中进行，都包含了很多涉及实验情境的辅助性假说、仪器操作以及其他理论和经验上可能的干扰因素。③

　　基于逻辑主义划界的整体论困境，库恩革命性地将"日常解题传统的存在"视作区别成熟科学与前科学的标记，也就是说，在常规科学阶段，科学行动者"不断解决范式所规定的问题或谜题"④，而要

---

① Carl Hempel, *Aspects of Scientific Explanation*, New York：Free Press, 1965, pp. 101 – 119.

② Pual Needham, "Duhem and Quine", *Dialectica*, Vol. 54, No. 2, 2000, pp. 109 – 132.

③ ［法］皮埃尔·迪昂：《物理学理论的目的和结构》，李醒民译，华夏出版社 1999 年版。

④ ［美］托马斯·库恩：《科学革命的结构》，金吾伦等译，北京大学出版社 2012 年版，第 139 页。

想合理且有效地解答这些谜题，他们必须具备权威性的理论和方法（解谜能力）、实验和观察（工具方法）、形而上学承诺（科学规范）等解题能力，这样他们的行为及其结论才能被判定为科学。但是这一解谜过程，不同于实证主义基于可检验性标准来不断机械地堆砌新事实、理论与方法的纯粹认识论进路，而是基于"作为解谜工具的概念、理论、工具和方法论承诺"①，根据日常解题的能力不断剔除那些不符合默会共识的陈述与不按照范式行动的行动者。由此，占星术是伪科学，不仅是因为它不可证伪，而且因为它无法维持一个常规科学阶段范式统摄下的解谜传统。但是实际上，库恩的划界理论并不停留于此，他开启了科学划界实践转向的大门，后续会进行更为深入的探讨。

　　为了不摘掉"波普尔的眼镜"就能完成库恩的格式塔转换，② 拉卡托斯提出，划界不应只适用于孤立的假说或理论，因为理论并不会单独地提出和驳倒，而应关注于进步的研究纲领与不那么成功的研究纲领之间的划界。他的研究纲领表现为一种理论和经验的历史重构，一方面，如果后续的理论比前置的理论解释更多的经验内容，那么纲领在理论上是进步的；另一方面，如果纲领不断被证实，或者说它导致了一些新事实的发现，那么纲领在经验上是进步的。基于此，划界的问题演变为一种如何衡量研究纲领进步性的问题，这种进步性要求纲领以非特设的启发式来作出新的预言，然后其中的一些预言得到证实，同时纲领中的新理论要比旧理论解释更多的经验内容。③

　　之后，拉卡托斯的后继者，诸如乌尔巴赫（Peter Urbach）、沃勒尔（John Worrall）、扎哈尔（Elie Zahar）等，仍强调将这种前瞻性的启示法作为科学决策的基础，尽管他们在什么是特设性以及为什么特

---

　　① ［美］托马斯·库恩：《科学革命的结构》，金吾伦等译，北京大学出版社 2012 年版，第 35 页。

　　② ［英］伊姆雷·拉卡托斯：《科学研究纲领方法论》，兰征译，上海译文出版社 1986 年版，第 124 页。

　　③ Imre Lakatos, "Falsification and the Methodology of Scientific Research Programmes", in Lakatos, I., and Musgrave, A. eds., *Criticism and the Growth of Knowledge*, New York：Cambridge University Press, 1970, pp. 91 – 197.

设性陈述是坏科学等问题上存在着分歧。① 除此之外，其他科学哲学
家也试图提出各种划界的企划，以此来确定那些存在于所有科学之
中，但在非科学中缺乏的本质性特征，如知识的进步性、可预见性、
归纳一致性等认知标准。例如，基切尔（Philip Kitcher）在讨论科学
内部的理论选择时，将"富有成功性"视作科学成功的一个标准，
并将它拓展到未来突破性进展的可能性评估上。在基切尔看来，预测
未来的发展是有风险的，但在前沿性研究中，这种不完全性和未解决
性却是科学理论进步的源泉，也就是说，划界涉及一个不确定世界的
未来行动。②

二 传统划界的哲学困境

基于科学划界的历史分析可见，科学要么是大量关于世界的绝对
真理，要么是大量得到很好支持的信仰。由此，辩护语境中纯理论层
面的划界要么将知识等同于绝对的确定性，要么陷入"将科学视作另
一信仰体系"的陷阱，前者依赖于基础主义的真理标准，但这些标准
不是自我辩护的（逻辑循环），就是取决于更深层次的（逻辑回归）
标准，而后者实际上解构了科学在解读自然上的权威性地位，进而助
长伪科学和反科学的气焰，如科学的反对者声称生物进化论仅仅是一
种可替代的信仰系统，这其实消解了科学与其他信念系统之间的区
别。基于此，以波普尔为代表的科学哲学家，试图扎根于明确且达成
共识的科学与伪科学案例，以此来确定那些存在于所有科学中，但在
非科学中缺乏的本质特征。

但是，这种划界途径也面临着几个困境。第一，它预设了科学共
同体能够在范例上达成基本的共识，然而这在社会语境下并没有如此
简单，即如何与同行商榷并取得相对的共识本身就是一种社会困境。
第二，关于划界的各种尝试涉及了不同的划界单位，包括了陈述、方
法、理论、实践、研究纲领以及知识领域等各个层次，但科学哲学家

---

① Thomas Nickles, "Lakatosian Heuristics and Epistemic Support", *British Journal for the Philosophy of Science*, Vol. 38, No. 2, 1987, p. 181.

② Philip Kitcher, *Abusing Science: The Case Against Creationism*, Cambridge, MA: MIT Press, 1982, pp. 30 – 145.

却未能在理想的划界单位上达成共识。第三，它本质上仍以科学的统一为基本假设，但是正如很多科学技术论研究所揭示的，不同的进步科学由不同的目标、方法或实践来表征，比如，经验上的可证实或可证伪性、库恩的解谜标准、拉卡托斯研究纲领的进步性条件、富有成果性、辅助性假说独立的可检验性等标准似乎适用于不同条件下的划界活动。第四，迄今为止，科学哲学仍未能提出切实可行的对策，比如波普尔的可检验性既太宽又太窄，波普尔本人也在"将科学视作一种特例"还是"采取科学主义的形式"之间摇摆不定。第五，划界的外延并不明确。划界问题不仅包含科学与非科学之间的地域性划界（territorial demarcation），还包括科学与伪科学/坏科学之间的规范性划界（normative demarcation），前者涉及知识的分类或不同学科之间的分工，即将科学从哲学、形而上学、经验知识乃至日常推理等认知活动中区分出来，后者则立足于辨析我们应理性接受与我们不应理性接受的理论或实践，但是诸多划界方案实际上混淆了两者。① 第六，这些方案忽视了划界的历史属性。这些本质主义的划界标准意味着，我们不需要知道既定领域的任何历史或发展状况，直接通过运用划界标准就能对任何时期所挑选的任何陈述加以判定，例如可证伪性作为一个逻辑标准，与历史无关。但是各个学科的科学都是不断进步、分叉、多样化的，并以此不断地重新定义与建构自身。在此意义上，如果强行采用一个诸如上述的标准来为所有的未来科学立法，那么很可能陷入某种思维的陷阱。这一普遍性的思维认为，科学赋予了我们知晓所有进步科学的可能性，无论是过去的，还是未来的，同时赋予了我们获知所有可想象的进程，无论是实质性的，还是方法论或价值观的。② 因此，本质主义的划界标准基于过去已经成熟的科学被赋予权威，继而会对未来科学的研究产生各种阻碍。

因此，本质主义划界路径的目的在于，在科学与非科学之间划定

① Maarten Boudry, "Loki's Wager and Laudan's Error: On Genuine and Territorial Demarcation", in Massimo Pigliucci and Maarten Boudry eds. , *Philosophy of Pseudoscience*: *Reconsidering the Demarcation Problem*, London: The University of Chicago Press, 2013, pp. 79 – 82.

② Kyle Stanford, *Exceeding Our Grasp*: *Science*, *History*, *and the Problem of Unconceived Alternatives*, New York: Oxford University Press, 2006.

一条先验的、绝对的、祛情境的界限，但是这条界限在逻辑上要求太过严格，在现实中也不具备可操作性，正是这种"全有或全无"的中立性区分，为相对主义留下了足够多的可利用空间。科学史及其方法的广泛研究表明，为某一陈述或事实是否是科学，预先设定一些普遍性的判断依据的确是错误的，科学家是在具体语境中按照事物的是非曲直来考虑科学与非科学的裁定。由此，预先设定的、认知普遍性划界标准，根本无法规划出大量之于自然的值得信赖的主张，更不用说可论证的真主张和涉及最终因果本质的理论。

正是基于对理性科学的哲学模式的批判，相对主义得以提出一种传统哲学无法解释的真实运作机制，并以此引入社会因素来解释科学知识。① 特别地，以爱丁堡学派为代表的科学知识社会学以激进的怀疑论、不可知论立场来拒斥哲学意义上的本质主义或基础主义划界，声称划界不再是一个重要的哲学问题，理应悬置一旁，进而将科学知识内容合法地纳入社会学研究领域。除此之外，许多科学哲学家也走向了相对主义，其实质是模糊科学与非科学的界限。例如，加芬克尔（Harold Garfinkel）的常人方法论研究，在考察日常生活以及科学活动的过程中，解构了常识知识与专业科学知识之间的界限。② 费耶阿本德（Paul Feyerabend）提出了一种抛弃划界的自由主义观念，他认为科学作为一种生活方式，与其他一切意识形态之间并不存在本质性区别，并以此来挑战现代科学的权威，冲破传统科学哲学的研究限制。③ 罗蒂（Richard Rorty）则以文化相对主义的方式，解构科学与其他形式文化在客观性（本体论）、真理性（认识论）与合理性（方法论）上的区别。④

伴随着各种社会因素进入科学内部，劳丹直接将划界问题称为一

---

① Stephan Fuchs, *The Professional Quest for Truth*: *A Social Theory of Science and Knowledge*, Albany: SUNY Press, 1992, p. 78.

② Harold Garfinkel, *Studies in Ethnomethodology*, Englewood Cliffs, New Jersey: Prentice-Hall, 1967.

③ Paul Feyerabend, *Against Method*, London: New Left Books, 1975.

④ Richard Rorty, *Philosophy and the Mirror of Nature*, Princeton: Princeton University Press, 1979.

个考虑不周的甚至是有害的伪问题，并将诸如"伪科学"的术语视为空洞的修辞。在劳丹看来，至今所提出的划界标准，都不能提供一系列能将一种活动定义为科学的必要和充分条件，而且"通常被视作'科学'的活动和信仰之间具有认知异质性"，这意味着对于划界的追寻都是徒劳的。重要的并不是区分科学与非科学/伪科学的主张，而在于在"一般认识论"的层面上区分有根据的信念与无根据的信念，那些"经验和概念上用于表述世界的凭证"才是问题的关键。①因此，考虑到科学理论与实践的认知互异性，如果旧的划界问题意味着寻求一个普遍且意义深远的标准，那么劳丹关于划界问题消亡的讨论的确具有一定的合理性。但是，我们在此遭遇了一个困境，一方面，科学家在遭遇非科学/伪科学时，可以毫不费力地辨别出它，并将它与科学显著区分开来，而且他们在科学实践中所划定的界限往往是集中在同一处，鲜有例外；另一方面，当科学哲学家以言语的方式明确表达一种关于科学或伪科学的特性描述，或者制定一个普遍适用性的划界标准时，又难以找到这样一种可行的划界标准。也就是说，科学划界理论缺乏哲学上的共识，但科学家在更为具体的划界问题上却已达成事实上的共识，这两者形成了鲜明对比。在此意义上，"只要我们承认在进化生物学与神创论这两者之间的确存在着可识别的差异，那么，我们必须承认存在着划界标准，尽管这个划界标准乍一看难以捉摸"。②

三　多元化划界标准的路径

自劳丹宣告划界问题消亡以来，科学哲学界对划界问题越来越不感兴趣，但是划界标准的制定本身远胜于劳丹所考虑的认识论范畴，它涉及作为科学共同体的社会活动、文化多样性、意识形态问题等，

---

① Larry Laudan, "The Demise of the Demarcation Problem", in Cohen R. S. and Larry Laudan eds. , *Physics*, *Philosophy and Psychoanalysis*, Dordrecht: D. Reidel Publishing Company, 1983, p. 120.

② Massimo Pigliucci, "The Demarcation Problem: A (Belated) Response to Laudan", in Massimo Pigliucci and Maarten Boudry eds. , *Philosophy of Pseudoscience: Reconsidering the Demarcation Problem*, London: The University of Chicago Press, 2013, p. 11.

甚至附带着自身的社会诉求。实际上，劳丹所宣告的划界消亡仅仅针对本质主义的划界路径，即要求一组充要条件来作为科学判断的标准。在当代科学—技术—社会一体化的视域下，科学并不是一项纯粹认知自然的理性事业，它更是一项在具体社会情境中展开的实践活动，在此意义上，科学哲学开始以多元化标准的方式来恢复科学划界问题。也就是说，划界标准不再是普遍的、唯一的，而是情境的、多元的，我们所要提供的是一份关于划界标准的清单，这份清单越全面越好，然后遵循多元的方法论标准，如果一个陈述或理论在其中一个标准上失败了，那么它不能被称为科学。这一多元化划界路径的旨趣不在于对科学或伪科学领域进行清晰的判定，而在于给既定的科学领域划定一个合理轮廓，由此它失去了清晰分类的好处，但是多元化的"簇群方法"，使得科学哲学重新具备了实现关于科学或非科学身份的合理叙述的可能性。由此，劳丹之后，普遍的、永恒的划界标准退出了历史的舞台，足够具体的划界标准开始逐渐填补它的空白，前者固执地坚守着本质主义（普遍性）的思想，而后者仍有可能陷入相对主义（地方性）的泥淖。

鉴于科学本身并不是预先就存在的，而是在历史情境中与经验知识、形而上学以及各种非科学探究不断杂合并发展起来的复杂的适用性系统，科学与非科学之间难以划定一条截然分明的界限，但这并不意味着科学与非科学/伪科学之间没有区别。问题的关键在于，正如尼克尔斯（Thomas Nickles）所言的，与其在科学与非科学之间祈求一个歧视性的划界，还不如辨析那些更有前途的纲领与前途渺茫的纲领，也就是说，更细致地辨析科学技能、实践和专长，应该胜过辨析科学信念系统概念。由此，传统的本质主义划界让位于多元化方法的划界辩护，虽然其中并没有一个方面是决定性的，但是将这些即使不可靠但有用的好科学和坏科学指标结合在一起，足以满足那些中立领域的实际需要。一方面，经验上的可验证性这种可以持续到未来的经验指标仍是有意义的；另一方面，各种指标会基于相关领域中已有的专家证词来添加。基于此，外行的公众、决策者、资助者等群体，可以在一个相对中立的环境来辨析科学与非科学，而不必依赖于局限在研究共同体内部的默会知识。①

　　具体来说，以罗斯巴特（Daniel Rothbart）、邦奇（Mariom Bunge）、萨加德（Paul Thagard）为代表的多元论者试图以多元标准来重构划界。罗斯巴特要求为划界标准制定一个元标准/充分性条件，即假设或理论必须在检验前满足某些资格要求，如所提出理论必须解释其背景理论解释的所有事实，它必须产生与竞争理论不一致的经验内容。一旦假设不能满足其中任何一个要求，那么它就不值得检验，也不是科学，由此，通过具体说明这种资格要求，科学哲学获得一种实际的划界。② 邦奇要求提供一张越全面越好的科学指标清单，并以陈述、理论、方法、实践等各种划界单位杂合而成的知识领域为研究对象。换句话说，他将知识领域分为包含共同体、理论背景等 10 个要素来进行分析。基于这种多样性的知识领域，如果我们为判定某一知识领域的科学地位，提供某一标准或一些条件，实在是难以令人信服。③ 萨加德则列举了科学的诸多特征，包括科学家使用相关思维并以相关性来推断因果关系、寻求经验主义的证实和证伪、评估与替代理论相关的理论、不断发展出新的理论解释新的事实等。在系统识别了科学的典型特征之后，不需要提供一组充分和必要条件，就足以标识出一些领域是伪科学。④

　　此外，福尔默（Gerhard Vollmer）也要求列举出一个好的科学理论的必要条件和理想特征，前者包括非循环性、内部一致性、外部兼容性、解释力、可检验性和证实性，后者包括可预测性、可重复性（可再现性）、繁殖力和简单性，这些特征并不在必要条件之列，但却仍是科学理论评定的重要指标，例如如果某一事件的本质是可重复

---

① Thomas Nickles, "The Problem of Demarcation: History and Future", in Massimo Pigliucci and Maarten Boudry eds., *Philosophy of Pseudoscience*: *Reconsidering the Demarcation Problem*, London: The University of Chicago Press, 2013, pp. 101 – 120.

② Daniel Rothbart, "Demarcating Genuine Science from Pseudoscience", in Grim, P. ed., *Philosophy of Science and the Occult*, Albany: State University of New York Press, 1982, pp. 94 – 105.

③ 参见 Mariom Bunge, *Treatise on Basic Philosophy*, *Vol. 6*, *Epistemology and Methodology II*, Dordrecht: D. Reidel Publishing Company, 1983; Mariom Bunge, "What is Pseudoscience?" *The Skeptical Inquirer*, Vol. 9, No. 1, 1984, pp. 36 – 47.

④ Paul Thagard, *Computational Philosophy of Science*, Cambridge, MA: MIT Press, 1988.

的，那么不可再现性可能表明这一领域声称是一门科学的说法的确仍存在问题。[1] 最终，马纳（Martin Mahner）在总结前人工作的基础上，受生物物种的分类法的启发，为划界主义提供了一种簇群方法。这种簇群方法以一个全面的科学/伪科学指标清单及之后的完整分析为基础，描述了某一既定领域的合理轮廓，同时这一领域被划分为科学/伪科学的理由在不同领域、不同阶段是不相同的。具体来说，这些清单包含了规范性和描述性两种指标，前者包括所有既定领域普遍接受的逻辑和方法论中的大量指标，比如可验证性、富有成果性、理论内在的兼容性等，后者包括了关于既定领域中科学实践过程的研究，比如是否形成研究共同体，是否存在大范围的信息交换，是否自由地研究和出版等。基于此，马纳提出，如果我们列举了 10 个科学性的条件且引入权重因素，那么我们可以要求某个认知领域至少满足 10 个中的 n 个条件加权后的准入标准，才能被称为科学的领域。[2]

相对应地，很多科学哲学家通过分析伪科学的历史学与社会学、科学与伪科学的交界地带、伪科学的信仰者及其策略以及伪科学复杂的认知基础等方面来探究科学与伪科学之间的规范性划界问题。这在当代科学社会化的语境中是一个兼备认知重要性与现实紧迫性的问题，因为科学家和科学哲学家可以不苛求一个划界的高招，却不得不站在同一战壕内，与伪科学家的主张与论证作斗争，认真审查他们的学说并指出他们具体的错误。处理伪科学的合适方法，并不是将它贬低到科学无权干预的领域，而是直面那些概念上和经验上的理论问题，正如劳丹所言的，"关于世界的主张，我们的精力应公正地集中在经验和概念的资格上"[3]。具体来说，基切尔指出了伪科学的特征

① Gerhard Vollmer, *Wissenschastheorie im Einsatz: Beiträge zu Einer Selbstkritischen Wissenschasphilosophie*, Stuttgart: Hirzel Verlag, 1993.

② Martin Mahner, "Science and Pseudoscience: How to Demarcate after the (Alleged) Demise of the Demarcation Problem", in Massimo Pigliucci and Maarten Boudry eds., *Philosophy of Pseudoscience: Reconsidering the Demarcation Problem*, London: The University of Chicago Press, 2013, pp. 29 – 44.

③ Larry Laudan, "The Demise of the Demarcation Problem", in Cohen R. S. and Larry Laudan eds., *Physics, Philosophy and Psychoanalysis*, Dordrecht: D. Reidel Publishing Company, 1983, p. 125.

之一，即与辅助性假说的关系过于紧密且含糊其辞，比如当下创世论者在讨论某些生物系统的不可还原的复杂性时，运用了相同的策略，试图在一个可靠且琐碎的概念和一个有趣但错误的概念之间糊弄过关。① 威尔逊（Fred Wilson）则分析了科学家与伪科学家在论证上的差异，即他们不同的逻辑和方法论。②

克瑞杰（Noretta Koertge）关注于伪科学的社会组织特征，并将其作为一种彰显科学活动的社会学维度的手段，他认为区分典型的科学与伪科学的一大特征在于，"批判共同体及其机构的存在，以及它们通过会议、期刊和同行评议来促进交流与批判"。普罗瑟罗（Donald Prothero）描述了气候变化的"怀疑论者"与其他否定论者所采取的不同策略，比如采取"以科学对抗科学"来制造公众对于科学的怀疑，包括宣传科学并没有直接因果关系的证据、要求保证争议双方的新闻公平、资助替代性的研究项目、雇佣能提出异议的专家等。威尔金斯（John Wilkins）区分了科学的两种思维模式，同时探讨了科学与伪科学中那些有关权威和传统的认知风格，比如神创论者、全球变暖怀疑论者、反疫苗者以及形形色色的阴谋论者处于一个"塞勒姆"区域，他们采取本质性思维，拒斥对特定事件的科学解释，认为这些事件是某一秘密组织干的，同时并不信赖且抗拒创新，倾向于服从其所在组织的权威等。③

四 国内外研究现状分析

基于上述关于划界的历史分析，国外科学哲学家对本质主义划界进行了诸多的批判，也提出了各式各样的多元论划界标准，科学划界在当前西方学术界乃至公共论坛上的争论越来越多。特别是《伪科学哲学——重审划界问题》一书，收集了科学与伪科学划界问题中最著

---

① Philip Kitcher, *Abusing Science*：*The Case Against Creationism*, Cambridge, MA：MIT Press, 1982.

② Fred Wilson, *The Logic and Methodology of Science and Pseudoscience*, Toronto：Canadian Scholars' Press, 2000.

③ Massimo Pigliucci and Maarten Boudry eds. , *Philosophy of Pseudoscience*：*Reconsidering the Demarcation Problem*, London：The University of Chicago Press, 2013.

名和最具原创性的思想家的文章，力图为伪科学这一庞大而复杂的现象提供一种跨学科的研究，以此重启科学哲学领域中关于划界问题的研究。同时这种讨论至少真正地将哲学与生活关联在一起。总的来说，当前国外学术界关于划界问题的研究和分析已经取得了重大进展，主要分为两条进路：一是通过对劳丹的划界消亡理论的批判来重塑科学划界问题，主要是提出一种从本质主义界定走向多元簇群方法的划界路径；二是通过对伪科学的认知、社会学和认识论根源的研究，以互补的意义将科学与伪科学区分开来。

相对应地，国内学术界对于划界问题的研究主要集中在 20 世纪 90 年代后期与 21 世纪初，这一时期各种伪科学（如伪气功、人体特异功能、命相术等）现象在国内的泛滥，使得划界理论重新受到学术界的广泛关注。具体来说，陈健基于传统划界标准的失败强调了异质性认识论，并由此提出科学划界的多元标准以及模糊划界的模型，进而实现从绝对到相对，从一元到多元的划界转向。① 陈其荣和曹志平将科学视作"系统的知识体系"，以此提出"广义科学划界"的质的标准，并应用于对外区分科学与非科学/伪科学，对内区分自然、人文和社会科学。② 孟强认为寻找科学本质的任务宣告失败，反本质主义借此消解了划界，因而划界需要从本质主义走向建构论，使科学边界呈现出一种动态性、暂时性与变化性。③ 此外，黄欣荣、王巍、孙思和艾志强同样强调了在科学划界的历史嬗变中，从清晰走向模糊、从绝对走向多元的划界标准。④ 张增一则在划界思想的基础上对创世论与进化论的世纪之争进行了案例分析，以此揭示特定的社会、文化

---

① 参见陈健《方法作为科学划界标准的失败》，《自然辩证法通讯》1990 年第 6 期；陈健：《异质性与科学划界——L. 劳丹的划界理论》，《哲学研究》1994 年第 9 期；陈健：《科学划界的多元标准》，《自然辩证法通讯》1996 年第 3 期；陈健：《科学划界——论科学与非科学及伪科学的区分》，东方出版社 1997 年版。

② 陈其荣、曹志平：《"广义科学划界"探究》，《华南理工大学学报》（社会科学版）2004 年第 5 期。

③ 孟强：《科学划界：从本质主义到建构论》，《科学学研究》2004 年第 6 期。

④ 参见黄欣荣《从确定到模糊——科学划界的历史嬗变》，《科学·经济·社会》2003 年第 4 期；王巍：《我们如何拒斥伪科学？——从绝对到多元的科学划界标准》，《科学学研究》2004 年第 2 期；孙思：《重建科学划界标准》，《自然辩证法研究》2005 年第 10 期；艾志强：《科学划界：从清晰到模糊》，《山东社会科学》2006 年第 12 期。

和政治因素对划界标准的影响。①

可见，国内学术界对于科学划界的研究还停留在十几年前，主要是通过理性重构的逻辑方式来展现科学划界从本质主义到多元论划界标准的转向。因此，第一，国内研究忽略了近期科学哲学中划界问题研究出现的新方向，如通过对伪科学的认知基础与社会根源的分析来区分科学与伪科学，以及后续关于社会化边界活动、边界对象和边界组织的研究（第一章会具体展开分析）。第二，国内关于多元划界标准的研究主要是提供一种批判性的哲学框架，并没有与现实的伪科技活动有效地结合在一起，国外学术界在理论与案例的结合方面做得比较好，但是国外学术界的问题在于他们的伪科技活动案例与中国的现实情况水土不服。由此，这些多元化的划界标准实际上缺乏现实的指导意义，难以应对国内创业型科学兴起的发展趋势，特别是伴随着公众、产业界和政府等多元主体不断介入科学活动，理论层面的多元标准不仅难以规避伪科学活动，而且对各种科学不端行为束手无策。

最后，国内外主流的多元化划界方案的逻辑问题在于，我们无法穷尽这些标准，换言之，如果一个陈述或理论没有违反任何已列出的标准（假定它违反了一些未列出的标准），那么它能否被视为非科学甚至伪科学，这一问题仍悬而未决。实际上，一元和多元的划界提案的共同之处在于，它们所采用的标准都是具体的、直接可用的，尽管这种实用性仅针对科学哲学家而言。第一种方案可以直接运用波普尔的可证伪性标准、库恩的解题能力标准或雷切尔融入其他科学的标准，第二种方案同样可以运用多标准清单上的标准，例如不可重复的实验、精心挑选的案例、服从权威等。尽管如此，这两种划界提案存在着显著的差异性：第一种提案所提供的标准，旨在在任何特定情况下，该标准都足以判定某一陈述、实践或学说是科学抑或是伪科学。第二种提案的表述则更为温和，它没有试图去表明该清单所提供的标准是详尽的，但能为我们提供评估特定的调查、陈述或理论的具体标准。

---

① 参见张增一《科学划界："猴子审判"案例分析》，《现代哲学》2006 年第 6 期；张增一：《创世论与进化论的世纪之争》，中山大学出版社 2006 年版。

但是更为关键的是，无论是本质主义的逻辑进路还是多元化划界标准的簇群方法，都仍将科学划界工作当作一件抽象的理论衡量工作，即停留在哈金（Ian Hacking）所言的"表征主义"的理论层面，而没有涉及"干预主义"的实践过程，这导致科学哲学所做出的划界更多地停留在各自领域内的自娱自乐，而不具备现实的可操作性。特别地，在当代的风险社会语境中，技性科学作为不同力量之间不断切磋的动态过程，其实质是内含着物质、意识与社会因素的历史运作机制。因此，"科学"的划界模式难以应对当代"技性科学"的现实需求，它所提出的划界标准局限在科学共同体内部，忽视了外在于科学共同体的社会力量，如媒体的舆论干预、企业资助的经济介入等之于科学与非科学判定的影响。同时，这两种划界路径对"划界"本身的认知存在着问题，"划界"这一概念并不具有本质性的、超越科学实践的意义，而是伴随着科学活动的发展而不断进化。也就是说，"划界"概念及其机制类似于维特根斯坦的生活形式，构成性地内在于科学互动的真实过程之中。在此意义上，科学划界才能在创业型科学的新兴视野中，寻找到其应有的价值和意义，进而有效地应对当今社会所面临的各种风险和冲突问题，这正是 S&TS 视域下划界工作的核心任务。

第三节　研究的意义、方法与内容

一　研究意义及价值

（一）现实意义：科学危机——保障科学权威性

科学的本质、科学与非科学/伪科学之间的差异，是科学哲学家、历史学家和社会学家所要探讨的重大课题，基于两个根本原因。一是科学对社会所造成的影响日益扩大。科学拥有非常高的公众关注度和声望；科学从政府和私营机构那所获取的资助，居高不下；科学的相关院系在大学校园内占据着越来越多的空间和资源；科学的产品可能会增进人类福祉，或带来难以想象的大规模破坏。因此，理解科学的本质、科学的认知基础、科学的局限性，甚至科学的权力结构，是当前科学技术驱动的世界赋予所有人的旨趣。当然，这些正是科学哲学、科学历史学与科学社会学所要研究的内容。

二是伪科学、反科学对整个世界所造成的破坏日益加剧。以美国为例，蒙尼（Chris Monney）在《美国共和党绞杀科学的战争》一书中提到，共和党以"后真理"（以政治因素解释真理）的理论基础来绞杀科学，导致了大规模的科学家游行和抗议。① 同时，诸如创世论及其他向进化论研究挑战的形式，对美国和其他地区的公共教育造成了极大的破坏；"替代"医学，如顺势疗法，骗取了大量的资金；艾滋病的阴谋论，在很多非洲国家相当普遍，它在世界范围内夺走了无数人的生命；危险的邪教和教派，如科学教，基于伪科学的信仰体系，吸引了众多的追随者，并不断肆虐于人们的生活之中。在国内，各种伪科学、反科学也不断向科学领域渗透，更为糟糕的是，它以潜移默化的形式隐匿在社会、经济与文化等领域，并逐渐发展为严重的社会问题。例如，封建迷信将自身标榜为"生命科学"，"伪科学谣言"将自身伪造为"科学常识"等，它们打着科学的旗号骗取大众的信任，最终危害社会稳定。即使撇开这些伪科学的现实影响不说，我们都应停下来思考一下，大量的智力资源被浪费在支持那些不可信的理论上是否值得，如创世论、顺势疗法和精神分析学，更不用说那些超自然现象的迹象和阴谋论者顽固的激进行为。因此，一方面科学与技术已彰显出了空前的影响力，另一方面伪科学泛滥不断挑战着科学的权威地位，这两者共同组成了划界研究的现实必要性。

更具体地说，在一个文明、教育程度很高的社会中，公民在个人生活中，在社会、政治和文化中所扮演的角色中，必须作出具有科学素养的决定，例如我们自身或他人的健康甚至生命是否应该托付给没有经过科学验证的诊断或治疗方式？公众的健康保险是否应该包含诸如顺势疗法或触摸治疗等神奇疗法？探矿者是否应该被雇来寻找被雪崩或倒塌房屋掩埋的人？警察是否应该邀请通灵者来搜索走失的儿童或帮助破案？法庭审判中的证据是否应该包括占星术的性格分析或女巫的证言？纳税人的钱是否应该被用于资助伪科学"研究"？如果它

---

① Chris Monney, *The Republican War on Science*, New York：Basic Book，2006.

仅仅被用于资助科学研究会是更好的投资吗？生活在现代民主社会的人们是否应该以科学知识（而非迷信或意识形态）为基础作出政治决策？① 这些不仅是公共政策的问题，更是伦理和法律的问题，其中包含了诸多伪装成科学的欺骗或错误，它们既模仿了科学又质疑了学术权威，由此赢得了某些坚定的追随者，但是科学哲学却无法为这些问题提供有效的解决方案。也就是说，基于科学技术的社会化，严格的科学证明的理性逐渐被公众对话所取代，作为扩展了的专业共同体的一个组成部分，公众既是知识生产过程中重要的参与者也是最终科学成果的最大受众，但是科学哲学却无法提供一种足够可靠的方法论指导来使公众能够辨析科学与伪科学。同时，科学与伪科学之间的模糊化，给科学教育带来了一个重要的问题，为什么学校要教授进化心理学而非创世论？为什么传授天文学而非占星术？广泛地说，为什么传授科学而非伪科学？在此意义上，如果连科学哲学都放弃追逐科学的本质及其与伪科学之间的区别，那么我们又该如何教导学生科学是什么以及如何辨析科学与伪科学，而这恰恰是科学教育的核心主题之一。

（二）理论意义：相对主义泛滥——保障科学公信力

伴随着 20 世纪以来自然科学的最新发展，特别是相对论和量子力学的诞生，科学知识这一关于世界的可靠信念，再也不能被理所当然地确证为"是真的且不会犯错"，也就是说，科学看似拥有一套创造和评价知识的可靠战略和标准，但它们却无法保证自身的真理性。20 世纪 50 年代前后，由此涌现了一大批持有科学怀疑论的后现代科学哲学家，他们的目标在于拒斥传统认识论赋予科学的权威性特权，他们认为科学知识作为一种社会建构的叙事，并不优于其他非科学的文化或陈述。特别是 70 年代以来，以强纲领、经验相对主义纲领为代表的社会建构论，主张在认识论上对科学采取相对主义的立场，他们关注于科学知识或技术人工物在科学共同体内部相互磋商的社会构

---

① Martin Mahner, "Demarcating Science from Non-science", in Kuipers, T. A. F. ed., *Handbook of the Philosophy of Science*: *General Philosophy of Science—Focal Issues*, Amsterdam: Elsevier, 2007, pp. 516 – 517.

成过程，而不是普遍知识的辩护与评价，也不是科学共同体的结构与规范，其实质是对科学内容进行了彻底的社会学解构。由此，在社会建构论的理论视角下，科学沦为偶然性的社会情境中各种利益抉择而产生的修辞性文本，知识主张的情境性和权宜性，逐渐取代了科学理论、说明或方法的普遍形式。这种彻底的社会化倾向，实际上抹除了科学之于非科学/伪科学在经验层面上的优越性，最终科学也丧失了在解读自然上的权威性地位。

特别地，伴随着强调知识资本化的创业型科学的发展，学院科学也在经历转型。政府的科技政策呼吁大学在支持经济增长方面发挥更为重要的作用，并利用各种政策计划来促进知识向产业的转移。学院科学也成了研究成果开发中的积极参与者，以增加其经济收入并适应更具竞争性的环境。因此，大学与产业界之间合作的发展，引起了学院科学与市场之间关系的不断变化，以及科学和商业之间界限的日益模糊。正是在这一社会化背景之下，社会建构论从知识领域拓展到了实践领域，科学行动者越来越重视社会利益的最大化，甚至有时以利益的相关性取代客观的科学评价机制。由此，科学家内部的利益冲突和角色认同危机日益加剧，这种相对主义化的倾向不仅导致科学行动者的偏见性行为，而且会阻碍科学共同体抵御伪科学、反科学以及垃圾科学的泛滥。更为糟糕的是，这些科学行动者以逐利性取代求真性的不端行为，让公众对于科学的认知遭到了毁灭性的打击，公众视野内纯粹客观理性的普遍真理，似乎也难以逃脱资本市场的逻辑，进而引发科学的公信力危机。

因此，为辨析科学与非科学/伪科学提供一种哲学思考，不仅是科学哲学上一个核心的理论问题，而且对于科学发展和社会稳定有着重大的实际意义。一方面，S&TS 视域中的科学划界作为传统科学哲学中的核心课题之一，其理论旨趣在于维护科学在认识论上的独特性地位，从而为有关科学合理性、科学进步、科学理论的评价等问题的反思提供哲学基础；另一方面，划界的现实向度在于，捍卫科学在社会中的权威性，从而为公众甄别和反对目前泛滥的伪科学、反科学、垃圾科学提供可操作性的判断依据，以此保证关于科学的有效资源和权力为科学实践所用，科学活动的自主控制权为科学行动者所拥有，公众之于解读自然的认知信任感为科学所特有。

二　研究方法及创新点
（一）理论：当代 S&TS 视域下的划界研究

国内外的学者广泛把"科学技术论"当作一种方法论工具，用以重审各种现实问题，如科技政策的评估、科学知识的地方性与全球化关系、生物医学伦理问题、科技编年史等，却很少有学者在当代 S&TS 的视域中，对科学哲学的核心问题——划界问题——进行重新审视。实际上，划界问题的 S&TS 研究主要呈现为两条理论进路："文化划界进路"与"物质文化划界进路"。"文化划界进路"强调借助人类社会中的政治、经济或文化形态，解读行动者划界活动的建构过程，由此，以科学活动背后的利益、权力、政策等社会因素为中心的哲学进路，取代了以自然为中心的传统认识论。"物质文化划界进路"则关注于整个动态网络中科学家、物质对象、实验仪器、概念和理论等各种异质性要素之间的博弈过程，通过对技性科学实践的强调来表现出一种彻底去中性化的哲学诉求，从而在"以主体为中心"与"以客体为中心"之间寻求一条新的路径。但是国内外的划界研究都缺乏两条线索：一条是科学共同体内部的社会运作机制（来源于库恩的工作），一条是物质性因素介入的划界过程，或者说物质文化划界（来源于哈金的工作）。因此，无论从国外还是从国内的研究现状来说，本书所进行的理论研究都是一项非常有必要的工作。

因此，本书的理论工作集中在三个层次：认知划界、文化划界、物质文化划界，并通过对库恩、吉瑞恩、哈金、拉图尔与布尔迪厄及其划界思想的研究，对各个阶段的思想进行逻辑和历史的重构，从而归纳出划界问题在 S&TS 语境下的发展逻辑。在此意义上，本书将贯穿两条线索：一条是纵向的，主要探讨当代 S&TS 视域下，划界从认知划界消亡到重建划界理论的逻辑演变与历史发展；一条是横向的，主要将划界问题定位在技性科学实践的层次上，对划界中的核心问题进行重新审视，并对社会维度和物质维度的两条线索进行比较分析，从而彰显出当代 S&TS 语境下划界活动的意义及其重要性。由此，本书首先采取逻辑与历史相结合的文本分析和比较分析，在厘清科学技术论与划界问题的内涵与逻辑承接关系的基础上，紧扣相关科学哲学研究的原始文本，对他们的思想进行深入的理论研究，从而保证切实的文本和历史依据。

（二）范例：创业型科学的现实观照

本书 S&TS 研究的主要特征在于，为了进一步理解 S&TS 视域下的科学划界理论，有必要对技性科学实践中具体的划界活动进行追踪和分析，因为缺少案例分析的理论研究是空洞的，缺少理论支持的案例研究是盲目的。基于此，本书提出了创业型科学发展过程中出现的一系列热点问题，这些问题是国际学术界关于科学、技术与社会之间关系以及划界问题争论的焦点，包括学院科学与其他利益相关者的利益冲突、伪科技创业现象、资助效应等。反过来说，也正是基于对创业型科学视域中各种越轨行为的现实观照，我们才能更深刻地理解当代 S&TS 视域下划界存在的必要性，以及当代划界工作应如何应对当代科学、技术与社会相交融的发展趋势。相对应地，之前那些关于科学不端行为以及伪科学案例的研究的主要问题在于，这些研究只是真实地描述具体的现象与特定的情境，很少提及哲学意义上的解决方法或方法论指导，更不会深入解析这一现象出现的认知、社会学和认识论根源。在此意义上，本书的科学划界研究后续会通过具体的科学不端行为以及伪科技活动案例的哲学分析，展示当代划界活动的哲学转向。这一工作不仅满足了学术上的诉求，更履行了伦理和社会的职责。

因此，本书运用 S&TS 视域中的划界理论等思想资源，来探索解决当前科学、技术与社会一体化困境中的矛盾、冲突和风险的有效途径。第一个目标是，诠释清楚当前的议题和争论，并在探索这些热点问题的过程之中进行哲学性反思；第二个目标是，寻找当前切实可行的划界思想及其实践模式，以此为辨析伪科学、杜绝利益冲突等现象提供一种合理的理论框架。因此，本书的案例分析并不采用格尔茨（Clifford Geertz）式的"深描"①，即对当代创业型科学发展中所涌现的划界问题进行纯粹的民族志田野考察，而是通过描述性与规范性路

① ［美］克利福德·格尔茨：《文化的解释》，韩莉译，译林出版社 1999 年版。

径相结合的方式来重新审视科学划界，即在关注现象本身的真实描述的同时，对现象背后的意义进行探究。也就是说，本书在科学、技术与社会共构的技性科学实践中，着重使用"科学划界"这一背景框架，来了解科学共同体及其机构在更广阔的社会背景中是如何运作的，以此在描述性的基础上提供一种规范性的指导，并实现维护科学认知权威性的任务。

总而言之，本书并不采用纯粹描述主义的经验研究方法，即以观察、访谈和其他田野研究手段，对某一案例进行极为深入细致的考察和描述，也不采用传统科学哲学的理性思辨的理论分析方法。本书的研究方法，一是基于从科学到技性科学的转向，重新思考科学划界问题，二是根据一些范例性的案例研究分析工作，反思当代创业型科学视域下技性科学内部及其外部的划界活动。也就是说，本书的叙述重点并不在于展现经验研究的具体案例，而在于展现经验研究在当代S&TS视域下所提出的划界诉求，进而审视划界理论如何适应于当代创业型科学发展的现实需要。基于此，本书对当代S&TS视域下关于划界的理论纲领和经验研究工作，进行了较为全面系统的解读和叙述，并以此实现哲学上的创新。第一，技性科学的划界模式打开了传统科学划界所设置的黑箱，解构了免于社会介入的标准划界模式以及过度社会化的划界活动模式。由此，这种新的划界模式破除了"以自然为中心"以及"以人类为中心"的狭隘视角，并以"去中心论"的方式，防止科学划界以短期的利益来代替社会的长期利益与自然的整体利益，进而捍卫科学及其社会的可持续发展。第二，因为缺乏对于他者的参照与关切，科学难以知晓它在认识论上的独特性地位，也难以获知自身作为有限存在者的局限性。因此，本书的科学划界工作通过对于伪科技创业、资助效应等对立面现象的哲学分析来反思如何在创业型科学的语境下进行划界，即按照技性科学视域下的划界模式，这些现象何以以及如何被排除在科学之外。

三　文章结构及内容安排

基于传统认知路径的困境，科学哲学家开始放弃科学划界研究，社会建构论借此彻底抹杀科学与非科学的区别，从而导致反科学思潮的出现与伪科学思潮的泛滥。然而，劳丹所言的认知形式的划界之所以失败，是因为它停留于纯粹辩护的语境，拘泥于纯理论分析的本质主义标准，进而忽视了科学共同体在日常实践中的划界活动。由此，在技性科学的视角下重审划界问题，对划界问题产生的社会和认知根源进行分析，对于保障当下科学正常有序的发展、维护社会的和谐稳定仍具有重要意义。

第一章，伴随着当代科学技术论的兴起，科学哲学将研究的注意力从表征自然的"理论"转向了改造自然的"行动"，由此，库恩所强调的"范式统摄下的科学共同体"进入了学术视野。在此意义上，库恩开创了科学划界的主体性或社会性转向，并为基于科学家的日常实践来考虑科学与非科学的划分，提供了一种理论上的哲学进路。但是库恩的划界理论是以"维系科学与社会的边界"为基本的哲学预设。因此，如何在承认科学的社会运作机制的前提下，解释现代科学所负载的认知权威性，是库恩之后科学哲学所亟待解决的核心任务。为了解答这一问题，吉瑞恩试图通过科学行动者的边界活动来展现科学捍卫自身认知权威性的努力，但是其实质是以社会学的方式将所有的认识论因素排除在科学之外，这导致他实际上彻底解构了科学与非科学活动之间的区别。

第二章，哈金作为科学哲学实践转向中的重要代表之一，在其实验室研究、历史本体论到科学推理风格的发展脉络之中，呈现出立足于唯物层面的生成性划界思想。一方面，哈金真实地表达了当代 S&TS 视域下划界工作之于实验室生活的强烈诉求，只有在实验室内进行干预性操作并创造现象，这一所"做"才能被称为实验室科学。另一方面，哈金从实验室研究转向历史本体论研究，并将局限在人类理性中的历史应用于科学理性，衍生出推理风格思想，在此意义上，科学只有在其所在的推理风格（如实验室风格）下，才有资格被判定为科学或非科学，否则没有讨论的价值。

第三章，鉴于科学从纯科学转向技性科学，科学划界研究也需要跟上时代步伐，追寻"跨时代断裂"后的技性科学。这种"技性科学"视域下的划界进路，要求我们关注整个动态性的网络，以及物质、主体与社会等各种异质性因素之间的共存以及互构过程。在这一过程之中，科学实践表现出一种强调干预、操作等互动关系的去中心论模式，以此在以"主体为中心"的相对主义与以"自然为中心"的逻辑主义之间寻找一条新的路径。具体来说，新的划界模式通过观察某一陈述或行为，在微观上是否满足于转译链条的连续性，在宏观上是否满足于科学场的入场券要求，来将不满足这一技性科学要求的陈述或行为排除在科学之外。

第四章，在技性科学的视域中，科学、技术与社会之间的边界线日益模糊，各种维度的异质性因素相互杂合，共同折叠进了科技创新创业的过程之中。在这一背景之下，伪科技创业者及其机构并不需要关注科技本身的内涵，只需要仰仗于经济资本的积累、大众媒体的传播与政治力量的干涉，就足以达到欺骗大众的效果。由此，有必要在科学—技术—社会一体化复杂网络中，深入探究伪科技创业现象产生的认识论和社会学根源，以此从根源上规避伪科技创业现象的发生。而这一分析的实质就是借助于 S&TS 视域下的划界理论，辨析科技创业与伪科技创业现象。具体来说，在描述性进路上凭借行动者网络的互动性，在规范性进路上凭借科学场域内部科学资本的积累，将不可接受的科技创业从科技创新创业中剔除出去。

第五章，基于科学技术与产业创新的互动模式，企业资助与科学不端行为之间存在着某种紧密的联系，这种科学研究的偏向性效应在认识论上表现为以社会的可接受性掩盖认知的可辩护性，在社会学上表现为利益冲突与商业机密之于科学规范的破坏。一方面，科技创新创业过程中技术网图与自然网图的开放性边界，为企业资助效应的发生提供了认识论根源；另一方面，自然主义行为规范下集体机制的失效，为企业资助效应的泛滥提供了伦理基础，而这两者也正是 S&TS 视域下科学划界理论对于产学研互动中边界冲突的分析。因此，企业资助模式下良序科学的维系，不仅要求在描述性进路上追踪多元利益主体之间的争议性活动，还需要考虑在规范性进路上促进科学共同体之间有效的批判互动，以此在当代 S&TS 视域下的划界活动中为寻求"求真"与"逐利"之间的边界平衡，进而塑造一种价值导向的认识论机制提供新的哲学进路和方法论借鉴。

最后的总结部分，鉴于逻辑主义划界标准的失败，库恩基于其历史主义进路，将划界问题区分为认识论划界和社会学划界两个层面。库恩划定了科学与外部社会的边界，但同时又塑造了一种共同体内部的社会学，其实质就是消解范式的认识论内涵。为了弥补库恩划界理论的不足，当代 S&TS 提供了几种承认科学边界向社会开放的划界进路：划界活动的微观社会学进路（吉瑞恩）、实验室科学的干预主义进路（哈金）、科学场域的宏观结构分析进路（布尔迪厄）、行动者网络的物质文化追踪进路（拉图尔）等。但是前者的社会学倾向并未完成捍卫科学的认识论特殊性的任务，后三者则在维持认识论特殊性的前提下，开始将认识论与社会学结合起来，进而为解决库恩划界理论中的矛盾提供理论借鉴。在此意义上，当代 S&TS 视域下的划界研究从关于"科学"的划界走向关于"技性科学"的划界，从科学理论的逻辑划界走向科学行动的实践划界，从寻找普遍性方法论走向探求现实可行性的实际应用，进而为追踪科学与外部世界、科学内部的科学性与社会性的争议性边界冲突，提供一种强有力的哲学分析框架。

第一章 科学划界的实践转向

伴随着当代学院科学的商业化趋势，逐利性的实用目标不断向学术环境蓄意渗透，"与资助、管理和研究导向相关的各种新模式不断发展"①，学院科学不再追求规避情境依赖的认识论辩护，而是嵌入利益、制度和伦理的社会网络之中，在实践价值或社会效用的导向下投身于风险资本的创造。在这一社会化过程之中，植根于认知辩护语境之中的划界路径，难以裁定学院科学与社会在结合过程中所涌现的伪科学活动，传统赋予科学以权威性知识特权的认识论机制，也在抵御应用语境内的各种失范行为的过程中逐渐失效。这一问题出现的根本原因在于，传统划界理论陷入了劳丹所言的纯认知形式的划界模式，苛求于一组适用于所有地方性情境、在逻辑上充分且必要的划界标准。

在此意义上，当代 S&TS 通过对库恩的划界理论的重新审视，开始将辨析科学与非科学的认识论基础落脚于行动者的实践过程，进而开辟在承认科学边界向社会开放的前提下重塑科学划界的可能性道路，并以此承担起规避科学与非科学之间界限的含糊化，维系现代科学所负载的认知权威的哲学任务。但是库恩所塑造的划界机制的实现是以"维系科学与外在社会之间的边界"为基础前提的，因而他仍将足够多的可利用资源划归到了社会的一侧，这也导致社会建构论以相对主义的方式解构科学划界的独特性地位。

---

① Daniel S. Greenberg, *Science for Sale*: *The Perils*, *Rewards*, *and Delusions of Campus Capitalism*, Chicago and London: The University of Chicago Press, 2007, p. 5.

第一节　传统划界的内在矛盾

在传统科学哲学的视域中，科学的话语就是对自然实在的客观表征，这一祛情境的逻辑辩护过程塑造出一种主体性缺席的认识论，因而科学哲学家的划界任务就是寻求一组适用于所有情境、在逻辑上充分且完备的划界标准，这一普遍性的认识论或方法论特征能够将科学与非科学彻底区分开来，① 如波普尔将"经验上的可证伪性"视作经验科学与其他形式（数学、逻辑、形而上学等）的知识相区分的试金石。② 相对应地，科学社会学家则基于制度化的社会规范（普遍性、公有性、无私利性与批判怀疑精神）来辨析科学共同体的日常行动，进而将不符合这些道德准则的知识生产活动排除在科学的图景之外，虽然其实际目的仍在于捍卫"有经验证据"和"逻辑上一致"等学术规范的有效性。③

可见，传统的划界路径坚守着以自然解释真理，以社会解释谬误的不对称模式：一方面，传统科学哲学以自然的本质性反映来解释正确的科学，进而塑造出一种祛情境性的认识论划界，这一认识论层面的辩护机制仅针对最终所形成理论的合理性评价或回溯性说明；另一方面，科学社会学以社会的偶然性失范来解释错误的科学或伪科学，进而塑造一种过度理想化的社会学划界，这一社会学层面的制度保障仅针对科学成果产生的实践过程中所涌现的不当行为。由此，这一不对称的划界模式固守着基础主义认识论的真理符合论模式，不仅将所有涉及制度、文化与伦理等社会因素的资源排除在科学的界定之外，更颠倒了科学知识生产的实际过程与科学文本的逻辑重构之间的关

① Larry Laudan, "The Demise of the Demarcation Problem", in Cohen R. S. and Larry Laudan eds. , *Physics*, *Philosophy and Psychoanalysis*, Dordrecht：D. Reidel Publishing Company, 1983, p. 118.

② ［奥］卡尔·波普尔：《科学发现的逻辑》，查汝强、邱仁宗、万木春译，中国美术学院出版社 2007 年版，第 10 页。

③ ［美］R. K. 默顿：《科学社会学：理论与经验研究》，鲁旭东、林聚任译，商务印书馆 2016 年版，第 365 页。

系。但是正如"证据对理论的不充分决定性"的整体论困境所揭示的，如果边缘地带的陈述与经验证据相冲突，科学家并不会迅速将这一理论界定为非科学，而是通过科学理论"内部的再调整"来拯救这一理论，① 因而纯辩护的理论判定过程必然渗透着证据之外的因素，最终所呈现的科学成果难以规避主观性与情境性的介入性影响。

一 辩护的逻辑与发现的语境的二分

在不对称的传统划界路径之中，辨析科学与非科学/伪科学所依据的认识论标准，呈现为可验证性/可证伪性、认识的进步性、理论的内在一致性等各种认知形式。这些认知形式要么诉诸科学与自然之间的联系，要么诉诸科学理论之间的融贯性，前者强调一种"真理符合论"的哲学路径，进而以自然的超验性维系理论之于经验的客观反映，后者则追随一种"真理融贯论"的划界模式，进而以理性的自明性来保证理论内部的无矛盾性。但是问题的关键在于，这两种哲学进路实际上都拘泥于认识论和社会学之间截然二分的研究视角，也就是说，坚守着赖欣巴哈（Hans Reichenbach）关于"辩护的逻辑"与"发现的语境（context of discovery）"两种语境的显著区分。传统科学哲学的任务在于以"应该发生的方式"对科学理论进行逻辑替代或理性重构，以此建构出一种在逻辑上完备的、严格符合思维过程的认识论，由此，科学家发现的实际运作机制被排除在认识论之外，并交付于社会学和心理学。②

（一）认识论划界："辩护的逻辑"

科学知识的生产是一个情境性介入的"发现"过程，但是在"发现"的实践过程完成之后，文本与作品作为最终的成果被传统科学哲学界定为科学，涉及"发现"的所有过程，被认为不存在任何有关科学的内容。波普尔的证伪主义思想就是遵循着这两种语境之间的截然二分，在他看来，科学家如何进行发现，"对于经验的

---

① ［美］W. V. O. 蒯因：《从逻辑的观点看》，陈启伟等译，中国人民大学出版社2007年版，第44页。

② Hans Reichenbach, *Experience and Prediction: An Analysis of the Foundations and the Structure of Knowledge*, Chicago: The University of Chicago Press, 1938, pp. 4 – 6.

心理学来说，是很重要的，但是对于科学知识的逻辑分析来说，是无关的。科学知识的逻辑分析与事实的问题无关，而只与正当或正确的问题有关"①。拉卡托斯更是进一步地将赖欣巴哈的基本原则应用于科学编年史研究，以内外史的有效划分对科学史进行合理性重建，以此从浩瀚的材料中将科学发展的历史呈现出来。"理性重建或内部历史是首要的，外部史是次要的。实际上，鉴于内部（而不是外部）历史的自主性，外部历史对于理解科学是无关的。"② 可见，在传统科学哲学的视域中，一方面，在静态的层面，只有当科学偏离理性的发展轨道时，社会因素才须介入；另一方面，在动态的层面，主流的科学史是理论的发展史、概念的发展史，那些社会、政治、文化背景等外部因素是心理学、社会学家的工作。正如哈金所总结的，"哲学家关注于辩护、逻辑、理性、正当性与方法论。至于发现的历史环境、心理习惯，社会互动与经济环境，并不是波普尔与卡尔纳普的专业关怀"③。

因此，鉴于科学变成了一种脱离科学经验发现过程的纯粹知识，方法论或认识论的规则也成为判定理论是否科学的唯一评价标准，并由此成为超脱于具体科学活动之外的先验性基础。也就是说，一组逻辑上充分且必要的划界标准，为科学知识预先制定了秩序法则，进而将科学的内部塑造成一种普遍的、理性的知识舞台，以此将舞台背后涉及社会、心理和文化等非理性的残余彻底排除在科学的外部。在此意义上，传统的认识论划界局限在"辩护的语境"之中，从事将陈述或信仰划分为科学与非科学两类的纯粹理性工作，或者说，作为知识/文本的科学与其他形式的陈述之间的有效区分，没有理性与逻辑的社会心理因素都被排除在科学的界定之外。这一逻辑主义进路只关注科学知识如何得到经验和逻辑的辩护，以及基于特定的事实和评价

---

① ［奥］卡尔·波普尔：《科学发现的逻辑》，查汝强、邱仁宗、万木春译，中国美术学院出版社 2007 年版，第 7 页。

② ［英］伊姆雷·拉卡托斯：《科学研究纲领方法论》，兰征译，上海译文出版社 1986 年版，第 141—190 页。

③ ［加］伊恩·哈金：《表征与干预：自然科学哲学主题导论》，王巍、孟强译，科学出版社 2010 年版，第 5 页。

方法，陈述又是如何潜在地转化为科学知识，并以此实现其独特的哲学任务，即通过维系"纯科学"与外在社会之间的固有界限来维系科学的纯洁性。

（二）社会学划界："发现的语境"

科学的认识论划界仅仅针对最终所形成理论的合理性评价或检验，反而对于科学成果产生的实践过程，不予考虑。而这一实践过程的研究被完全交付于以默顿（Robert Merton）为代表的科学社会学家，他们关注于作为一种具有独特精神气质的社会体制的科学。其中，科学的精神气质指代"约束科学家的有情感色调的价值和规范综合体，这些规范以规定、禁止、偏好和许可的方式表达"[1]，并具体呈现在科学共同体的偏好，以及他们对于违反精神气质的批判性道德共识之中。在这些科学社会学家看来，科学作为一种被证实的客观知识，同时也是一种被制度化的社会活动，科学家的理论旨趣就在于生产反映自然的科学知识，因而在实践活动中，他们会严格遵守"普遍性、公有性、无私利性与有条理的怀疑论"[2] 这四条科学规范的约束。在此意义上，科学社会学以理想化的科学规范区分科学主张和意识形态，也就是说，一旦某一科学发现过程中的科学家违背了标准性规范，那么他的行为及其所创造的科学成果都是非科学的。由此，某一陈述或断言之所以成为非科学的，并不是因为陈述的实质性内容，而是因为行动者所怀有的私利与野心。也就是说，社会因素在科学活动中的膨胀与介入，不可避免地会对原初自主和规范的实证科学造成破坏。总而言之，以默顿为代表的科学社会学家，一方面将科学的发现过程局限在科学共同体内部，另一方面，其社会学研究完全不考虑科学知识或科学内容，以此将社会的因素排除在科学理性的建构之外，建构出一种不断剔除不符合社会规范的科学行动者的社会学划界模式。

（三）黑箱化：颠倒文本与实践

在赖欣巴哈提出两种语境的显著二分之后，科学哲学研究主要从

---

[1] ［美］R. K. 默顿：《科学的规范结构》，林聚任译，《哲学译丛》2000 年第 3 期。
[2] ［美］R. K. 默顿：《科学的规范结构》，林聚任译，《哲学译丛》2000 年第 3 期。

事文本的逻辑与理性重构工作，科学社会学则负责以科学规范来解释科学活动中的非理性残余，前者以自然的超然性来赋予科学知识以认知权威性，后者以社会的偶然性来排除科学中的各种反常现象。这种不对称性的任务分配导致科学划界工作也分化为认识论划界与社会学划界两种模式，两者分别不对称地以认知形式的划界标准与制度化的科学规范来先验地界定真实与谬误。在此意义上，传统之于科学的界定实际上预设了一种认知的优先性模式，在判定某一理论是否科学时，科学哲学并不会考察科学研究的实际过程，而只会关注于这一最终所呈现的理论是否符合普遍性的划界标准。但是问题在于，正如梅德沃（Peter Medawar）所提出的文本与实践之间的错位，科学文本的形成与呈现本身可能是一个骗局，因为文本掩盖了科学发现过程中的实际思维，颠倒了科学事实、科学行为与文本表达之间的逻辑关系。[1]

例如，夏平（Steven Shapin）与谢弗（Simon Schaffer）在《利维坦与空气泵》一书中描述了研究活动与文本报告之间的颠倒。在关于波义耳与霍布斯的科学争论之中，波义耳的空气泵实验是在特定的社会语境下进行的，但其最终所呈现的实验报告却对这一过程进行了修辞上或技巧上的重构，以此获得科学同行的认可和支持，进而将霍布斯的理论排除在科学的图景之外。[2] 因此，传统的科学哲学过于强调作为文本的科学，抹去了科学发现的语境——科学的杂合或转译过程。在拉图尔看来，"我们研究的是行动中的科学，而不是已经形成的科学或技术"[3]，科学作为一系列行动，是形成科学、制造结论和产品的过程，这一过程在不确定的建构性之中进行极具争议性和竞争性的转译或商榷活动。科学的文本或产品只是这一历史过程的暂时性成果，却被科学家或科学哲学家建构为一种确定性和客观性的黑箱，并掩盖一切不符合科学发现的内容。

基于当代 S&TS 的经验研究，科学知识是在自然与社会、事实与

---

[1] Peter Medawar, "Is the Scientific Paper a Fraud?" *Listener*, Vol. 70, 1963, pp. 377 – 378.

[2] ［美］史蒂文·夏平、西蒙·谢弗：《利维坦与空气泵：霍布斯、玻意耳与实验生活》，蔡佩君译，上海世纪出版集团 2008 年版。

[3] ［法］布鲁诺·拉图尔：《科学在行动——怎样在社会中跟随科学家和工程师》，刘文旋、郑开译，东方出版社 2006 年版，第 418 页。

价值的相互作用中产生的，如实验室中的对象很少是本然的、纯粹自然的，更多的是人为操作与干预的结果，因而自然、科学家及其操作的仪器之间不断产生互动，并产生各种构成性的影响。科学家改变了自然，自然也改变了科学家，两者的社会关系也随之发生变化。具体来说，在拉图尔看来，"转译"是将两种完全不同的存在方式（自然与社会）混合在一起的实践形式，"纯化"则是在成果呈现之后将两种本体论领域区分开来的实践形式，前者真实地呈现了行动者网络这一杂合体的繁殖过程，后者则试图"将自在的自然界与充满着可预测的、相对稳定的利益和风险的社会分割开来、将独立于此两种参考系的话语与社会分割开来"①。因此，科学知识的发现实际上是一个转译的过程，但传统科学哲学通过对科学研究过程的逻辑重构，将科学的自然维度与社会维度割裂开来，以此消解一切社会性对自然性的构成性介入，由此，科学发现的实际过程消失了，只遗留下辩护语境中的认知论证。也正是在此意义上，这一完全颠覆科学真实运作机制的黑箱化模式，导致科学划界沉浸于劳丹所言的逻辑上充分且必要条件的划界诉求。这些传统科学哲学家自认为通过对理论表象进行回溯性辨析，足以规避一切不符合科学理性的权力、价值以及利益，以此塑造出一个祛除科学研究中人为因素的、纯粹认知形式的划界模式。

二　本质主义与建构主义的困境

传统的科学划界将科学诉诸理论自身的融贯性或自然实在的客观性，却未认识到社会因素对于科学及其划界问题的冲击，科学划界的消失其实与科学的社会化过程相匹配，在这一过程中，科学与非科学之间的区别被抹去。所以，科学划界的过程无法绕过社会范畴、知识或利益的介入性影响，根据普遍性标准来判定科学与非科学的本质主义划界模式，无法在现实的科学实践中肩负起保护科学免受非科学/伪科学侵扰和扩散的重任。

针对这一科学的社会化趋势，科学哲学开始对认识论上关于真理

---

① ［法］布鲁诺·拉图尔：《我们从未现代过：对称性人类学论集》，刘鹏、安涅斯译，苏州大学出版社2010年版，第11—12页。

与错误的双重标准进行反思，但是社会建构论却走向了理性主义的另一个极端——相对主义。以布鲁尔（David Bloor）为代表的社会建构论者，提出了针对真理与谬误的对称性原则，[①] 强调理性的信念与非理性的信念具备相同的认识论地位，前者并不比后者优越。他们企图以同样的社会原因（权力和利益）来解释真理与谬误，进而以社会建构性来抹除科学与非科学文化之间的二元分割，这也是"大科学"背景下早期科学知识社会学研究的共同目标。

（一）本质主义的逻辑划界困境

无论是认识论划界还是社会学划界，其实质都是将科学视为一种表征自然、并逐渐逼近真理的知识，进而以科学的本质性特征（自然实在或先验理性）来区分科学与非科学。在此意义上，一种基础主义的认识论垄断科学的哲学内涵，其中自然作为科学知识的客观性与普遍必然性的根基，拥有绝对的发言权和最终的决定权，如实证主义者将科学知识的生产描述为从观察到理论的归纳过程，而波普主义者将陈述的科学性归结于可检验性的逻辑结果，两者都以经验与逻辑为基础来辨析科学与非科学。从表面上看，本质主义的划界模式似乎将界定科学理论真假的决定权赋予了自然经验或科学理性，但是事实上，这一抽象化的划界模式赋予了认知形式的划界标准以绝对的话语权，即预先存在的、普遍有效的本质主义规范完全掌控着科学真或假的判定。由此，本质主义的划界实际上"可以在理性的王国中自由驰骋，并且可以按照他自己的意愿来理解理性的功能和作用"[②]，进而具备了超越科学实践活动的先验性。

但是问题在于，一方面，现实的科学活动并不会进行如此简单的逻辑划分，因为科学划界过程中蕴含着各种政治、经济和文化的介入。这种将科学划界标准简单化为满足科学本质的标准（科学内部），并将涉及利益或权力的所有社会因素（科学外部）排除在划界的任务之外的处理方式，必然是行不通的。一方面，纵观历史，找不

① ［英］大卫·布鲁尔：《知识和社会意象》，艾彦译，东方出版社 2001 年版。
② ［英］B. 巴恩斯、D. 布鲁尔：《相对主义、理性主义和知识社会学》，鲁旭东译，《哲学译丛》2000 年第 1 期。

到、也无法找到适应所有情境的本质性特征；另一方面，没有一个认识论基础或社会基础能保证所获得的科学知识或所从事的科学活动是绝对正确的，科学知识的获得本身具有偶然性与可错性，并不等同于或趋向于世界的绝对真理。也就是说，关于科学划界的认识论研究是必要的，但是本质主义的划界模式只关注了"台前"的、已经完成的科学，却很少涉及"幕后的"、处于制造之中的建构性过程，后者包括科学家个人的地位及其偏好、具体的实验室环境、失败的数据和撰写论文过程中的争论等。

（二）社会建构论的相对主义困境

针对科学哲学与社会学之间不对称的任务分配，社会建构论者开始从社会文化的角度研究科学知识，他们将社会成分作为科学知识的恒定基础，强调社会建构了实在与知识，除了权力与利益无须借助其他因素。他们自认为凭借这种对称性原则，成功破除了传统科学哲学将真理交给自然（哲学家的任务），将错误交给社会（社会学家）的不对称划分。由此，科学之于非科学在经验层次上的优越性被抹去，科学划界成为某一行动者在地方性情境中建构出的偶然性行为，或者说，划界本身也是权力、利益、修辞等各方要素相互博弈的产物。在此意义上，科学划界名存实亡，科学只具备作为知识学科的分类独特性，与其他的文化在形式上逐渐趋同，不再具备规划出大量关于世界的值得信赖的主张的权威性地位。但是伴随着进入科学场域的"入场券"的贬值，越来越多的非科学范畴开始侵扰科学的研究工作，尤其是涌现了诸多伪科技现象，而伪科技并不是一种无害的消遣，它不仅会造成智力资源的浪费，而且会误导公众甚至政府的认知与实践，如神创论对美国公众教育所造成的负面影响。

可见，近几十年的科学社会学研究表明，科学知识是主动建构的，而不是被动发现的，自然并不充分地决定科学知识的生产过程。但是科学知识社会学的建构主义进路的主要问题在于，将"社会"预设为无须解释的超验存在，并依赖这种社会的超验性来解释真理与谬误。实际上，科学理论及其活动中的社会要素本身，也是伴随着科学理论及其活动的生成而建构起来的，权力、利益、修辞等社会要素并不能决定理论及其活动的真或假，它本身也并不优于自然，也不优于科学理论及其活动。在此意义上，这种社会建构论实际上走向了文化相对主义的道路：一方面，他们将科学置于社会化的发展背景，将价值因素引入科学，将建构性赋予科学划界，这存在着一定的合理性；另一方面，他们却将社会结构悬置在科学活动之上，这导致了科学的过度社会化，科学的自律性与独立性完全被解构，划界工作由此名存实亡。

（三）从本质主义的逻辑划界到建构论意义上的划界活动

本质主义与建构主义走入困境的原因在于，它们都无法真正地落实维特根斯坦意义上的"生活形式"，也就是说，对划界的认知停留在劳丹所言的"一组充分且必要的划界标准"的传统理论框架之中。正是因为他们将科学视为一种纯粹的概念、理论与思想，本质主义的划界模式才会脱离于科学实践去理解科学与社会，社会建构主义的划界进路才能以社会性解构科学的自然性。基于此，当代 S&TS 视域下的科学划界研究需要从纯粹理论研究走向现实实践，从科学家的具体划界实践中寻找划界问题的解决方案，这意味着划界问题从本质主义的划界逻辑走向了建构论意义上的划界活动，但是这种建构论不同于传统社会建构主义所塑造以社会超然性来解释真理与谬误的对称性模式，其最终目的仍是在真实地描述科学运作机制的基础上，维系科学在认知上的独特性地位。

具体来说，当代 S&TS 视域下划界的实践转向，不仅要破除传统的认识论范畴，更要规避过多的社会因素的解构性介入。由此，我们不能仅仅在理论上加以判定，更要在科学实践中对产生过程进行研究，科学划界工作也不能拘泥于理论的划分，更应对行动者的"所做"进行辨析，即从考察文本转向考察具体的实践活动。比如，判定某一学说是伪科学，不仅仅是因为该理论所呈现出的文本状态是伪科学的，更是因为其生产者的精神状态或态度或活动本身是伪科学的。同样地，某一学说被认为是科学的，并不是因为它符合"科学是什么"这一本质主义的界定，而是因为其行动者的"所做"是科学的，"所做"包括了行动者如何在实验室中描述或改变所观察到的或猜想的现象，以便检验假设和建立理论，同时行动者又是如何与实验室外的各种社会因素进行交互性活动，以便获取同行和公众的认可、经济的资助和政策的支持等。

三 重审划界："划界消亡"之后如何划界

最近几十年，科学哲学的学术圈似乎对划界研究兴趣不高，但是与哲学家们缺乏兴趣形成鲜明对比的是，一般公众，特别是科学教育者，需要直面伪科学理论与实践的拥护者，这些拥护者不仅想竭力保持他们的社会地位，更试图扩大影响力。特别地，伴随着科学与技术所彰显出的空前影响力，科学社会化趋势之于科学合法化地位的挑战，伪科技活动之于科学权威性的破坏，现实的科学危机要求科学哲学必须在当代的语境中重新审视科学划界，而重审划界的首要任务就是思考并探寻一条走出传统划界困境的新进路。传统的本质主义划界模式所围绕的核心问题在于，首先，是否存在一个划界标准，足以判定一个事物是否是真正的科学；其次，如果它是科学，那么判定的标准是什么？但是正如 S&TS 的经验研究所表明的，科学与非科学之间的划分涉及诸多的商业、政治与法律利益，科学和科学哲学本身也具有多样性的特征。可见，划界问题远比判定一个特定活动是否是科学复杂得多，因为将某一活动判定为科学，涉及它在认知上的可辩护性与在社会上的可接受性以及这两者之间的交互作用。

（一）本质主义划界问题何以消亡

在《划界问题的消亡》一文中，劳丹从三个哲学层面思考了传统划界问题何以消亡：第一，提出划界标准应满足怎样的充足条件；第二，划界标准是否为科学地位提供了充分、必要或充分必要条件；第三，判断某一信仰或活动是科学的或非科学，意味着什么样的行动或判断？[1] 具体来说，第一，传统科学哲学家寻求一种有哲学意义的分界标准，即"期望于一个能够识别认识论的或方法论的特征，以便将科学与非科学信仰区分开来"[2]，并以此确保科学之于非科学在认识

---

[1] Larry Laudan, "The Demise of the Demarcation Problem", in Cohen R. S. and Larry Laudan eds., *Physics*, *Philosophy and Psychoanalysis*, Dordrecht: D. Reidel Publishing Company, 1983, p. 117.

[2] Larry Laudan, "The Demise of the Demarcation Problem", in Cohen R. S. and Larry Laudan eds., *Physics*, *Philosophy and Psychoanalysis*, Dordrecht: D. Reidel Publishing Company, 1983, p. 118.

论根据或证据基础上的优越性。但是在劳丹看来，以这种柏拉图哲学的方式纠缠科学是无效的，一方面这种纯粹认识论意义上的先验标准，无视是否或多大程度上符合科学行动者关于科学是什么或不是什么的直觉；另一方面，这一标准实际上难以保证足够的精确性，难以清楚地辨析出某种信念和活动到底是不是科学。

第二，"在理想情况下，一个划界标准可以为一个活动或一组陈述是科学还是非科学，指定一套个别必要和共同充分条件"①，因为一套必要而不充分的划界条件允许我们将某些活动确定为伪科学（不符合必要条件的活动），却无法确定哪些活动是科学的。相反，一套充分但不必要的条件允许我们将某些活动视为科学（符合充分条件的活动），却无法确定哪些是伪科学。在此意义上，无法同时提供必要和充分条件的划界标准都难以实现有效的划界。但是劳丹认为，一是至今所提出的划界标准，都不能提供一系列能将一种活动定义为科学的必要和充分条件；二是通常被视作科学的活动和信仰之间具有认知异质性，这意味着寻找一种划界标准的认知形式可能是没有前途的。②

第三，传统划界的理论诉求在于维系科学之于非科学的认知优越性，由此，提出这样的标准意味着按认知特征将信仰分为科学与非科学两类。但是劳丹认为，基于"'科学'这个术语的价值负载特征……把某一活动贴上'科学'或'非科学'的标签是社会的和政治的衍生问题"③，也就是说，贴上"科学"的标签并不等同于无条件地被社会所认可，这背后实际上蕴含科学家与伪科学家这两个对立阵营之间的竞争，他们运用划界标准这一理论手段来将他们所不认可的信仰和活动排除在科学的图景之外。基于上述三个层面，劳丹宣告

---

① Larry Laudan, "The Demise of the Demarcation Problem", in Cohen R. S. and Larry Laudan eds. , *Physics*, *Philosophy and Psychoanalysis*, Dordrecht: D. Reidel Publishing Company, 1983, p. 118.

② Larry Laudan, "The Demise of the Demarcation Problem", in Cohen R. S. and Larry Laudan eds. , *Physics*, *Philosophy and Psychoanalysis*, Dordrecht: D. Reidel Publishing Company, 1983, pp. 123 – 124.

③ Larry Laudan, "The Demise of the Demarcation Problem", in Cohen R. S. and Larry Laudan eds. , *Physics*, *Philosophy and Psychoanalysis*, Dordrecht: D. Reidel Publishing Company, 1983, pp. 119 – 120.

了科学划界问题的消亡，"伪科学"和"非科学"也只是"表达我们情感的虚词。因此，把它们用作政治家和苏格拉的知识社会学家的措辞要比用作经验研究者的措辞更为恰当"①，识别和反对伪科学都是没有前途的工作，理应被悬置一旁。

（二）当代 S&TS 如何重新思考划界问题

但是，自维特根斯坦谈论家族相似性概念②以来，我们实际上不应再讨论使用一组必要和充分条件来给概念划定明显的界限。例如，"游戏"这一簇群概念，并不依赖于界限的划定，也无法通过一组充分和必要条件来捕获，因为充分且必要的条件不仅会忽略那些应该视为合法游戏的活动，而且会引入明显不属于该游戏的活动。这并不是由于认知本身的局限性，也不是因为概念本身的内在不连贯，而是"语言游戏"运作的结果。由此，维特根斯坦建议我们通过例证，而不是通过逻辑定义来把握概念。例如，杜普雷（John Dupré）提出将科学视作维特根斯坦式的家族相似性的模糊或簇群概念。③ 生物学种的概念经历过劳丹所言的元哲学争论，即通过一组充分且必要条件来判定某一既定的个体是否属于某一特定的种类，但是后来物种被视为一种簇群概念，其中存在大量在概念的实例化之间起连接作用的脉络，或者说，这些脉络连接着基于同一界限的实例化物种，如脊椎动物和无脊椎动物。因此，劳丹所宣告的"划界问题的消亡"仅仅针对传统的本质主义划界路径，劳丹没有认识到这种划界仅仅关注了科学研究的部分维度，却又盲目地以本质主义划界的哲学困境来消除整个划界项目。

基于此，匹格留奇（Massimo Pigliucci）对劳丹的消亡说进行了深入的分析和批判，继而提出一种基于维特根斯坦家族相似性量化版的

①　Larry Laudan，"The Demise of the Demarcation Problem"，in Cohen R. S. and Larry Laudan eds.，*Physics*，*Philosophy and Psychoanalysis*，Dordrecht：D. Reidel Publishing Company，1983，p. 125.

②　[德]路德维希·维特根斯坦：《哲学研究》，陈嘉映译，上海人民出版社 2001 年版，第 39 页。

③　John Dupré，*The Disorder of Things*：*Metaphysical Foundations of the Disunity of Science*，Cambridge，MA：Harvard University Press，1993，p. 10.

划界途径。① 第一，针对提出划界应满足的充足条件，当代科学哲学在考虑划界问题时，应认真对待一线的科学家和许多科学哲学家，在实践中所普遍接受的科学与伪科学，也就是说，一个切实可行的划界标准，应能恢复大多数人关于科学与伪科学的直观分类。由此，哲学探讨让步于建立在惯例与直觉基础上的经验证据，划界分析应提供诸如簇群图一样的描述。第二，针对标准应为科学提供的划界条件，科学与伪科学的概念从根本上说是维特根斯坦式家族相似性的模糊概念，② 因而"一种更好的途径是基于理论可靠性和经验支持程度，通过多维的、连续的分类来理解划界"③，然后通过模糊逻辑和类似工具的运用，这一方法可以变得更为严谨。第三，针对划界背后的行动或判断，科学哲学家应介入那些通过讨论科学与伪科学的价值而引发的政治和社会争论之中，而不仅仅停留于告诉公众、同行或决策者"什么是合理的"和"什么是不合理"的认知分类工作。

可见，科学划界研究并不等同于传统科学哲学中先验性的理性标准，反而更多地涉及科学共同体对于专业知识的直觉性把握，也就是说，实践操作与理论逻辑共同内化在某一共同体的共识之中，科学行动者基于这种惯例性的范式对科学活动进行判断或抉择。这一进路的哲学来源正是库恩，库恩之于范式的分析让划界从科学理论走向科学家的实践，让抽象的认识论规则转化为科学家行为的规范，这不仅为科学家的行为准则提供哲学上的解释，而且有助于提高科学家行为的反身性思考。由此，科学划界的主体从哲学家走向科学家，之前是科学哲学家试图为科学家提供一种先验性的判断标准或行为规范，而现在的科学划界工作，开始更多地依赖于科学家以及公众的参与。这种广泛的参与性让划界从理想的科学走向现实的科学，划界工作不再超越情境性去谈论普

----

① Massimo Pigliucci, "The Demarcation Problem: A (Belated) Response to Laudan", in Massimo Pigliucci and Maarten Boudry eds. , *Philosophy of Pseudoscience*: *Reconsidering the Demarcation Problem*, London: The University of Chicago Press, 2013, pp. 9 – 28.

② Massimo Pigliucci, "Species as Family Resemblance Concepts: The (Dis-) solution of the Species Problem?" *BioEssays*, Vol. 25, No. 6, 2003, pp. 596 – 602.

③ Massimo Pigliucci, "The Demarcation Problem: A (Belated) Response to Laudan", in Massimo Pigliucci and Maarten Boudry eds. , *Philosophy of Pseudoscience*: *Reconsidering the Demarcation Problem*, London: The University of Chicago Press, 2013, p. 25.

遍性的有效边界，而是根植于技性科学实践，一方面在实验室辩护中保障认知上的可辩护性，另一方面在自然网图与社会网图的交织之中保障网络的完整性，以扩展有效性的本体论边界。由此，逻辑或形而上学问题，开始被实用理性的某些现实关怀所取代。

第二节　实践转向：科学共同体的划界

　　伴随着现代化社会的发展，科学的发展面临着全新的挑战，科学不仅表达着自身的诉求，还负载着外界赋予它的使命，利益、权威、政治压制等不断骚扰着本想居于象牙塔中的科学。一方面，科学不再局限于认知，技术也不再局限于实践，呈现出科学技术化和技术科学化的双重态势；另一方面，实验室研究和大工业生产（实用研究）之间的界限不断消减。科学技术开始了社会化、市场化的进程，科学家的活动范围从实验室走到了社会，从自身的学术追求转向直面社会需求，现代科学的发展也不再仅仅是认识论意义上的发展，它更与社会、文化、伦理等联系在一起。基于科学所面临的崭新的发展需求和现实问题，库恩开始重新恢复科学主体及其行动在科学知识生产过程中的合法地位，进而使得之于科学的界定能够立足于真实的"生活世界"之中。具体来说，库恩借助于"范式（paradigm）"的概念，重新回到了"关于先验性的康德（Immanuel Kant）传统"，这种先验传统又是以涂尔干（Émile Durkheim）式的社会学化的视角所呈现出来的，[①] 前者为瓦解基础主义的划界模式提供了认识论基础，后者为划界的实践转向提供了社会学意蕴，进而打破认识论划界和社会学划界之间的传统界限，重新构建出一种符合认知相对主义倾向的社会机制来保障科学的权威性地位。

一　认识论基础：主体性介入的多元化划界标准

　　为了祛除基础主义认识论的束缚，库恩重拾了新康德主义的认

　　[①] ［法］皮埃尔·布尔迪厄：《科学之科学与反观性》，陈圣生等译，广西师范大学出版社 2006 年版，第 31 页。

知范畴，并将康德式的先验的普世主义演变为一种相对化或历史化的概念，① 即是说，将康德意义上普遍化的先验认知范畴发展为历史化（非本质化）的"生活形式"。康德的主要立场在于，处于知性层面的科学认知，就是运用先验存在于主体思维中的纯粹范畴，去综合"感性所提供的经验材料"②。在此基础上，新康德主义者以认识论化的经验世界取代了本体化的物自体世界，科学不再是以主体的概念去适应外在客体，而是以经验对象来适应主体的认知范畴，从而塑造出一个作为绝对原则的主体概念，以及无法超越主体间性的客观性。

但是库恩与新康德主义的不同之处在于，第一，库恩将现象与物自体彻底割裂开来，现象被挽留在认识论的此岸，物自体则被推向了本体论的彼岸，换言之，库恩所言的现象不再是本体论意义上的自然实在，而是行动者认知世界所经验的认识论意义上的感觉材料，是承载着人类因素的历史建构事实；第二，新康德主义以经验与先验之间的截然二分为前提，以脱离于自然的先天知识范畴为获得认知一致性的基础。相比而言，库恩一方面强调范式之于观察所得经验的优先性，另一方面却又认为范式不仅在经验的历史中建构自身，更处于不断新旧更替的动态过程之中，由此，科学知识的生产过程成了一个以范式为认知基础而后不断协调经验与理论关系的复杂活动。

基于此，库恩将传统科学哲学的"主体符合自然"模式转化为"自然符合主体"模式，这一转向将划界的话语权完全交付给科学共同体的确定性共识，即"范式"。具体来说，库恩将范式描述为"一个特定共同体的成员所共有的信念、价值、技术等等构成的整体"③，这一主体间性的集体承诺，一方面呈现为工具性的解谜模型与范例，

---

① ［法］皮埃尔·布尔迪厄：《科学之科学与反观性》，陈圣生等译，广西师范大学出版社 2006 年版，第 136 页。

② ［德］伊曼努尔·康德：《康德三大批判合集》，邓晓芒译，人民出版社 2009 年版，第 4 页。

③ ［美］托马斯·库恩：《科学革命的结构》，金吾伦等译，北京大学出版社 2012 年版，第 147 页。

另一方面呈现为规范性的形而上学信念，两者共同为"自然客体的分类和说明提供了一个概念框架"①，由此外在的自然世界被整合到了业已存在的各种分类系统之中，真实在范式所安排的历史之中产生。可见，库恩的范式实际上发挥着"某种类似于精神表象的方式而进行的意向性中介作用"②，不同的意向性搭建起了不同的可能世界，"竞争着的范式的支持者在不同的世界中从事他们的事业"③。

由此，基于理论与（唯一的）客观实在之间的符合，传统的认识论划界赋予了科学共同的本质，旨在以预先制定的规范性的认知普遍性标准来维护科学的统一性，但是库恩却坚守着新旧范式之间所存在的本体论、认识论、方法论等维度上的实质性区别，即"看待世界和在其中实践科学的不可通约的方式"④。正如哈金所提到的，存在着无数种表征自然的途径，各种途径之间相互阻抗却又真实地符合自然结构的某些方面，⑤ 因此，每一种描述都是"真或假的候选人"⑥，或者说真或假的可能性空间，而科学知识的生产就是在这些可能性描述中进行抉择。在此意义上，通过在保持着动态性的历史中不断新旧更迭的范式，库恩表现出强烈的认知相对主义倾向，这对传统划界标准的普遍适用性提出了挑战，不同的范式提供不同的划界标准，这些多元标准之间彼此区分，拥护不同的认知目标，从而为科学勾勒出不同的地域性图景。

二　社会学意蕴：集体意识下的规范性划界活动

库恩借助于涂尔干主义的思想，将科学哲学的关注点从在人与证

---

① ［美］拉里·劳丹：《科学与价值——科学的目的及其在科学争论中的作用》，殷正坤、张丽萍译，福建人民出版社 1989 年版，第 89 页。

② ［美］托马斯·库恩：《结构之后的路》，邱慧译，北京大学出版社 2012 年版，第 96 页。

③ ［美］托马斯·库恩：《科学革命的结构》，金吾伦等译，北京大学出版社 2012 年版，第 126 页。

④ ［美］托马斯·库恩：《科学革命的结构》，金吾伦等译，北京大学出版社 2012 年版，第 3 页。

⑤ ［加］伊恩·哈金：《介入实验室研究的自由的非实在论者（下）》，黄秋霞译，《淮阴师范学院学报》2014 年第 2 期。

⑥ Ian Hacking, *Historical Ontology*, Cambridge, MA: Harvard University Press, 2002, p. 160.

据关系的讨论中祛除人的思路，转化为在人与社会关系的讨论中祛除个体的思路，从而为确立一种新的认识论提供社会学内涵。涂尔干知识社会学的理论旨趣在于，在社会学研究的范畴内塑造一个决定性的宏观社会结构，这一整体性的精神实体以集体意识为纽带，强制性地规训着个体的行动，其中集体意识赋予行动者以某种方式感知、行动与思考的习性，从而"形成了一种界限分明的实在"①。库恩借鉴这种涂尔干化的社会学思想来克服传统社会学划界的认识论禁锢，将宏大的社会解释因素具象化到经验世界之中，"把科学世界描述成中央标准统治的共同体"②，由此构建起一个以规范性的信仰体系为基础的科学共同体内部的社会机制。

在科学共同体内部的社会学中，科学行动者的活动并不受到某种认识论、方法论或逻辑等超验规则的制约，而是受到范式强加于他们的特有的规则的制约，他们会在实践过程中无意识地符合范式所要求的行动规范，以此来实现相对稳定的同行评议与社会控制。这种规范性不同于传统科学哲学的理性进路，不是指预先设定好标准化解释或统一规则，而后按照这一纯粹客观的逻辑原则来进行理论评价，而是指行动者立足于获取知识的生活形式之中，接受一致性的专业教育，拥有一定的专业素养，秉持对某些共识的信任，因而能根据这种带有社会性维度的原则对某些事实作出直观判断，即强调在范式所带来的信念体系之中，社会规训所带来的使用经验之于理论规则的优先性。因此，在得到范式庇护的常规科学阶段，科学行动者的任务就在于"不断解决范式所规定的问题或谜题"③，探究理论为何与事实并不完全符合，更进一步地，如何调整理论来保证理论与事实的一致性。因此，库恩的常规科学并不局限于反驳或阐明新的理论，更多的是在范式所提供的信仰框架内不断合法化那些在日常科学活动中占主导地位

① ［法］爱米尔·涂尔干：《社会分工论》，渠东译，生活·读书·新知三联书店2000年版，第42页。
② ［法］皮埃尔·布尔迪厄：《科学之科学与反观性》，陈圣生等译，广西师范大学出版社2006年版，第29页。
③ ［美］托马斯·库恩：《科学革命的结构》，金吾伦等译，北京大学出版社2012年版，第139页。

的理论或方法，并以科学共同体内部的社会力量（如同行评议），不断剔除那些不符合默会共识的陈述与不按照范式行动的行动者，以此来实现常规科学阶段的自我维持。

因此，库恩的范式不仅仅是一个认识论的范畴，更是一个社会学的概念，前者表现为理论层面的世界观，"它提供了范畴和框架以便把现象吸纳进来"，后者表现为实践层面的生活形式，"它提供了行为模式或活动框架"①。范式作为科学家群体的共识性承诺，通过强制性的规范，规定着科学行动者的所思与所做。在此意义上，一方面，通过范式与科学共同体的互构性，库恩将科学哲学的研究范畴从纯粹的理论层面衍生到涵盖了陈述、方法、理论、实践、价值在内的整个信仰体系，从而为解决"证据对理论的不充分决定性"的整体论困境提供一种新的哲学进路。另一方面，通过范式与科学共同体之间保持着的无意识的契合，库恩充分揭示了科学共同体内部的社会运作过程，即行动者在范式的规训下进行日常解谜活动，从而为社会性参与到认识论的构建之中提供了切入点。

在此意义上，新康德主义与涂尔干主义两种思想的结合，衍生出了库恩对科学划界的全新诠释，但是仍不能简单地把库恩界定为保守主义者，因为库恩的哲学思想中也蕴含着对"涂尔干化的新康德主义"的拒绝。在新康德主义的概念体系中，整个科学都是以牛顿力学为核心的，由此所构架的知识体系是先验的、绝对确定性的，而库恩却以非连续性的科学史为研究对象，其所刻画的科学知识处于不断进化、分叉与多样化的过程之中，从而刻画出一种在保持着动态性的历史之中不可通约的认识论划界。相对应地，涂尔干主义对于科学的认知，仍停留于孔德（Auguste Comte）的实证主义传统之中，其所描述的脱离于自然关系的抽象社会，无法具象化到经验世界之中，但是库恩将涂尔干主义限定在非科学领域的研究运用到科学领域，并由此勾勒出一种科学共同体内部的社会学划界。

---

① ［加］瑟乔·西斯蒙多：《科学技术学导论》，许为民等译，上海科技教育出版社2007年版，第16页。

三　契合：激进的认识论划界与保守的社会学划界

库恩划界理论的核心立场可以归结为三点：首先，解构传统科学哲学为维系科学的认知权威性所塑造的认识论划界路径；其次，重新确立一种新的"主体性在场"的划界模式；最后，维系科学与外在社会的边界，并以此来捍卫科学在认识论上的特殊性。然而，在从基础主义的认识论走向"主体性在场"的认识论的过程中，库恩完全消解了科学在认识论上的根基，并进而瓦解了传统科学哲学为维系科学的认识论特殊性所塑造的认识论机制，因而库恩必须重新构建一种符合认知相对主义倾向的新机制来保障科学的有效性。正是这种理论诉求，导致库恩划界理论在认识论层面呈现出激进性，在社会学层面呈现出保守性，前者凭借主体的实践活动消解了认识论的先验基础，后者凭借认知结构的规训规避了科学共同体之外的宏大社会。

（一）激进的认识论划界：以社会学诠释认识论

鉴于认知标准的多元化趋势，库恩将范式历时性变化过程中信念的更替与发生这种变革背后变化着的社会情境结合在一起，即，将新旧范式更迭的根源与运作机制体现在关于科学共同体活动的叙事之中。科学家从不同维度解读同一自然现象，并因而产生不同版本的科学图景，这些不可通约性的科学图景以历时性而非共时性的关系呈现在科学的发展过程之中，由此，科学的发展不再是实证主义所塑造的新事实、理论和方法不断积累的连续性过程，而是一个新旧范式不断更迭的断裂性过程。这种断裂式的发展模式源于柯瓦雷（Alexandre Koyré），他认为科学的历史处于不断变革和断裂之中，诸如十六七世纪近代科学的突飞猛进，都只是一种突然发生的革命性变革，科学家实际上是在不同的形而上学框架中工作，科学的发展并不是由各种发现堆砌而成的，而是不断地"对整个思想框架本身"进行彻底的改造，[①] 即所有参与其中的科学家总是突然采用一种全新的、不同以往的形而上学的承诺。

---

① ［俄］亚历山大·柯瓦雷：《伽利略研究》，刘胜利译，北京大学出版社 2008 年版，第 6 页。

　　在柯瓦雷思想的基础上，库恩将科学活动描述为常规科学（某种范式占主导）与科学革命（新旧范式更迭）相互交替的过程，由此他实现了对逻辑主义划界的反叛，却也陷入了一种新的认识论困境，即按照纯粹理性的方式，要想解释清楚不可通约性的范式之间到底是为何以及如何出现新旧更迭的，必须仰仗于一种超越范式的先验存在来挽救其合理性。但是，库恩的理论出发点就在于破除基础主义认识论，因而他必然会借助于非理性的进路来规避这一认识论困境，由此，他将新旧范式更替的根源归结为旧范式面临挑战后所产生的革命的社会需求，并以科学共同体内部的社会学来具体解释这一新旧格式塔的转变过程。

　　具体来说，在日常解谜的过程中，事实与理论之间的不一致性不断积聚，这种反常引起了科学共同体内部分成员的重视，尽管这些成员中大多数人会选择弥补原有范式无法解释之处，但还是会有少部分人选择挑战原有范式，以期搭建起能够澄清反常的新范式体系，并不断劝说年轻的信众加入他们的行列。继而，随着反常不断累积并最终转化为危机，辨别是非的权威性纲领不再为科学共同体所信任，旧范式开始失效，整个科学领域呈现为一个充满交往与竞争的社会空间，参与其中的每位行动者都会面临新旧范式的选择问题，而他们的衡量可能更多是基于"精确性、一致性、广泛性、简单性与富有成果性"① 等效用性的准则。也就是说，纯粹理性或超越理性的形式化标准并不在场，科学主体的背景信仰、价值取向等非理性因素却不可避免地影响着新旧范式的抉择。然后，新范式的支持者日益增加，旧范式的支持者日益减少，最终新范式的支持者得以在科学界占据主导，于是革命结束了，范式之间的新旧更替也随之完成，新的科学共同体在新范式的庇护下继续从事着新的日常解谜活动。

　　实际上，卡尔纳普（Rudolf Carnap）早已认识到，在"由语言设计引起的革命性科学图景"中，不可通约的科学语言框架之间的选

————————

　　① ［美］托马斯·库恩：《必要的张力》，范岱年、纪树立译，北京大学出版社 2004年版，第 319 页。

择，"取决于价值和原则，取决于科学语言应当做什么和怎样做的信念"①，而不是根据更普遍的本质主义的标准来得出。但是，卡尔纳普仍坚持理性的进路，即通过将"实用的决定"定义为第一原则，防止非理性因素参与科学。相反地，库恩积极地将科学共同体内部的社会学介入科学的发展过程之中，通过科学共同体分化与重塑的社会过程，为范式萌芽、成熟并被替代的历史进程提供社会学意义上的解读，从而使得科学认知结构摆脱先验的逻辑安排，呈现出真正的历史性特征，基于此，库恩在援引社会学解释认识论困境的进程中，塑造出了一种激进的认识论划界。

（二）保守的社会学划界：以认识论规避社会化

库恩划界理论中最为激进之处就在于，他对科学共同体内部的社会学的挖掘，然而伴随着科学知识社会学的兴起，科学哲学界越来越妖魔化库恩所塑造的社会学，他们将库恩包装成一位完全激进的改革者，宣称库恩以科学共同体的实践活动来取缔认识论范畴的理论辩护，就是以社会学的运作机制来消解科学的认识论特殊性，进而彻底打破科学哲学与社会学的研究界限。实际上，库恩对于科学共同体内部的社会学的描述是相当保守的，其社会学仍是以认识论的方式具体呈现出来的，而不是借助于社会学的理论或案例研究的方法，也不主张以权力与利益取代理性与证据，甚至反对深入探究科学共同体的社会运作机制。而这一做法的主要原因还在于库恩之于科学知识社会学的反感态度，在库恩看来，强纲领的社会学诠释会彻底瓦解科学共同体实践过程中的集体效应，从而消解科学在认识论上的认知权威性。这显然违背了库恩的理论诉求，基于此，库恩将社会学建立在认识论的基础之上，即以认知范畴来规范社会行为，从而避免科学彻底泛化到社会之中。

实际上，库恩所塑造出来的高度自治的科学世界，彻底隔离了外在社会运作机制对科学共同体的影响，也完全忽视了那些保证科学自治的社会条件。而这一封闭空间之所以能够从社会实践的杂合体中突显出来，归根结底还在于一种能够引导科学共同体行动的相对稳定的

---

① ［美］威尔海姆·赖希：《库恩扼杀了逻辑经验主义吗?》，《哲学译丛》1993 年第 5 期。

权威性力量，这种力量在范式形成的过程中建构出某种秩序来协调范式内部科学共同体的日常解谜活动。也就是说，以科学共同体内部社会安排的先验形式，范式成了科学实践活动的前提条件，这些"承诺——概念的、理论的、工具的和方法论——所形成的牢固网络"为科学家提供了世界观与行动准则，基于此，科学行动者才能够深入探讨"由这些规则和现有知识已为他界定好了的深奥问题"①。

由此，范式成了科学行动者交往行为的合理性基础，同时也成了一种先于个体、脱离于个体的决定性存在，它以强权的形式施加于科学活动之中，从而磨灭了科学家个体的能动性，每位科学家都沦为了科学集体意识的奴隶。在此意义上，库恩的社会学划界模式侧重于展现集体方式的科学研究，进而忽视了个体化的实践活动，其实质在于将个体行动所附带的权力、利益等社会因素排除在科学共同体之外。也就是说，库恩所塑造的科学共同体实现了一种实在论意义上的建构，即根据行动者行为是否遵循某种核心的形而上学框架与实践模式，科学共同体将自身与外部世界彻底隔绝开来，只有具备认识和承认科学的认知范畴的行动者，才有资格进入科学领域，而那些不服从于范式逻辑的行动者或不符合范式规范的实践形式被驱逐在科学之外。正是基于这种自组织的科学共同体机制的建构，科学世界在社会性情境中形成了一个封闭的空间，这一空间以一种自稳定的辩护机制来抵御外在社会力量的强压。

（三）科学共同体内部的实践划界模式

在传统科学哲学的视域中，普遍认为库恩是科学的谋杀者，他所发表的《科学革命的结构》揭开了"社会"这一潘多拉的盒子，将祸害带入认识论，彻底改变了实证主义为科学所塑造的普遍客观的权威形象。的确，在激进派看来，库恩引领着科学哲学家与科学史家反叛实证主义，开启了科学知识的相对主义化理解，其哲学思想甚至成为对科学活动进行"社会建构主义式"解读的理论基础。但是，基于库恩后期的分析哲学转向，以及他对科学知识社会学所

---

① ［美］托马斯·库恩：《科学革命的结构》，金吾伦等译，北京大学出版社 2012 年版，第 25 页。

持的批判性态度，越来越多的科学哲学家开始深入挖掘库恩哲学背后所隐匿的保守性向度。实际上，这两种解读并不表示彻底的否定取向，而是表征为两种不同的理论诉求，激进性解读旨在以社会学消解认识论，这种保守性解读旨在维系认识论与社会学的边界，①虽然前者作为库恩哲学的理论后承，罔顾了库恩为确立一种"主体性在场"的认识论所作出的努力，后者基于库恩哲学的现实目的，忽视了库恩对科学认知权威性所提出的实质性挑战。因此，我们需要相对化措置和重审库恩划界思想及其历史意义，即充分认识到库恩的划界理论在何种意义上是革命的，何种意义上是保守的，基于这种革命性与保守性之间的张力，我们才能更好地实现对库恩思想的多维度解读，才能更有效地理解后继的科学知识社会学与科学实践哲学的诞生。

最后，基于革命性与保守性的解读，库恩的范式理论对称性地塑造了科学的认识论划界与社会学划界，认识论划界以有无范式性共识来甄别真理与谬误，社会学划界以是否按照范式行动来区分科学共同体与外在社会，并最终基于范式与科学共同体的互构性来实现两者的统一。这种契合依赖于认识论划界的激进性与社会学划界的保守性，前者借助于科学主体的实践活动，解构了传统认识论划界为维系科学的认知权威性所塑造的先验基础，后者借助于科学认知结构对社会行动的规训，规避了科学共同体之外的宏大社会。也就是说，认识论的激进维度为社会学的介入提供了理论的空间，社会学层面的保守维度为认识论的约束提供了现实的可能性，进而保证了库恩划界理论的内在融贯性，虽然这种融贯性是以维系认识论与社会学的边界为先决条件的。也正是在此意义上，库恩将科学划界的认识论基础落脚于科学共同体的实践过程，科学共同体内部日常解谜传统的存在成了成熟科学的标志，科学共同体的集体性活动赋予了科学有别于其他文化的、表征或干预自然世界的、令人信服的力量和威望。

---

① T. J. Pinch, "Kuhn—The Conservative and Radical Interpretations: Are Some Mertonians 'Kuhnians' and Some Kuhnians 'Mertonians'?" *Social Studies of Science*, Vol. 27, No. 3, 1997, p. 477.

　　基于范式与科学共同体概念所确立的认知和社会的双重边界，库恩似乎成功地维护了科学的认知权威性，但是可惜的是，库恩所提供的划界方案存在着两个问题。第一，正如吉瑞恩所指出的，库恩的划界模式实际上仍局限在本质主义的划界视野之中，其理论旨趣仍在于根据普遍有效的划界标准，即"科学共同体周期性所达成的范式性共识"，来将科学与其他文化实践区分开来。① 但是针对某陈述或实践是否科学，预先设定一些不公平的、整体性的区别是错误的，② 因为科学的内涵与外延并不依赖于本质性界限的划定，而是在生成性的实践之中不断被重构的。可见，库恩以"看不见"的范式所确立的认知边界不仅是"不可能的"，还是"不合理的"，而他对于科学共同体的挖掘，实际上已经将范式所具备的认识论内涵消解在了科学共同体的社会学内涵之中，最终只能呈现出科学共同体内外之间的社会边界。第二，库恩的视野仍局限在小科学阶段，并未真正认识到现代化社会背后科学技术社会化的趋势，虽然他打开了社会学研究的大门，但更多地约束在科学共同体内部。库恩的理论旨趣更多地在于规避大科学环境下的社会维度，将科学事实限制在相对自治的科学世界之内，正是这种理想主义的自闭性模式实际上为"科学知识制造出了一个抽象的空间范围，空间开始成为科学的一种本质属性"③，致使库恩未能"提供一种综合性的社会理论"④，进而为社会相对主义介入科学研究的具体过程提供了足够多的可能性。

第三节　社会划界：科学行动者的边界活动

　　在当代 S&TS 的视域下重塑科学划界，必须认识到科学共同体外

　　① ［美］托马斯·吉瑞恩：《科学的边界》，载［美］希拉·贾撒诺夫等编《科学技术论手册》，盛晓明等译，北京理工大学出版社 2004 年版，第 306—309 页。

　　② Thomas Nickles, "The Problem of Demarcation: History and Future", in Massimo Pigliucci and Maarten Boudry eds. , *Philosophy of Pseudoscience: Reconsidering the Demarcation Problem*, London: The University of Chicago Press, 2013, p.110.

　　③ 刘鹏：《空间视角下的库恩与拉图尔》，《江苏社会科学》2012 年第 5 期。

　　④ Steve Fuller, "Being There with Thomas Kuhn: A Parable for Postmodern Times", *History and Theory*, Vol.31, No.3, 1992, p.258.

部的利益、权力、政策等社会因素对科学的渗透是不可避免的,"科学既被积极构建于科学共同体之内,也被积极构建于科学共同体之外的文化和社会中"①,一旦移除社会因素之于科学的构成性影响,那么其所呈现的知识生产过程不过是一种模拟化的、由科学家自身刻意营造的权威性假象而已。因此,鉴于科学与社会之间所维系的一种开放且模糊的边界,当代 S&TS 研究把科学共同体之外的社会因素加入关于科学划界的讨论之中,从而试图从本质主义的划界辩护走向建构论意义上的划界活动,这种实践性划界表征为一种对科学行动者个体的划界活动进行微观的、追踪性的方法论探究的哲学进路,主要以吉瑞恩的"划界活动(boundary-work)"理论为代表。这种划界活动立足于可接受与不可接受实践之间边界的社会划定过程,具体来说,科学行动者受到利益驱动,有选择地利用各种机制或策略(如排斥、扩张和保护自主性)来标记边界,以此保持自身在专业上的认知权威性地位。但是这种社会划界模式的问题在于,虽然它推进了库恩划界理论的社会学内涵,但是他忽视了库恩划界理论中社会学和认识论维度之间的关系,从而使得其划界理论同样无法为科学提供合理的认识论根基。

一 边界活动:文化空间的公信力竞争

伴随着知识资本化的创业型学术范式的发展,学术科学正在经历转型,大学及其教员成为利用研究成果提高收入和适应更具竞争力环境的积极参与者,政府的科技政策也开始呼吁大学在支持经济增长方面发挥更为核心的作用,并利用各种政策计划来促进知识向产业的转向。由此,学院科学与产业界之间的合作日益密切,学术机构越来越重视将知识产权商业化作为一种创收的有效手段。这一市场逻辑对学院科学的渗透过程,对固有的划界理论提出了新的挑战,科学家作为寻求塑造科学与商业之间界限的积极行动者,开始探求各种与新兴知识互动的不同模式,以此来捍卫、维持或协调他们的立场。基于此,"边界活动"这一理解关系的特殊机制,被广泛应用于对科学领域管

① [美]马克·埃里克森:《科学、文化与社会:21 世纪如何理解科学》,孟凡刚、王志芳译,上海交通大学出版社 2017 年版,第 148 页。

辖权的研究，以探索界定和捍卫科学领域参数的机制。科学家的做法也被解读为一种在有争议的领域中，争夺科学权威和管辖权的战略行为，这一行为具体展现了有关行动者如何界定和管理"科学的象征性和社会边界"①。

近十几年来，"边界活动"这一概念的相关研究议程，在人类学、历史学、政治学、心理学和社会学等领域都有一定的发展，并日益成为处理社会不平等、集体和民族认同、阶级和种族关系等问题的理论源泉②。在此意义上，科学哲学与社会学研究也开始寻求如何进行科学边界的划分，即通过标记与捍卫自己的专业地盘来扩大其管辖范围，进而确保自身的自治地位和合法性。这些研究一方面突出边界活动与管辖权斗争之间的内在联系，另一方面强调基于划界工作保持专业统治地位的微观机制。也就是说，当代 S&TS 视域下的科学边界活动研究，从内部角度阐明科学领域的自我理解，更从外部的社会视角表达对这一领域的看法，以此理论化"科学行动者在知识生产的学术化过程中所面临的信誉之争"③。可见，划界活动不仅研究专家及其个人角色之间的协商、谈判，而且探讨科学共同体作为一个整体与"外行"的另类从业者之间界限的划定，进而在发生争议或公开冲突的情况下，解释科学行动者是如何在地方性情境中解决管辖权争议并塑造自身的认知权威性的。

在吉瑞恩看来，科学的边界活动实际上就是在科学共同体内外的社会运作机制的驱动下，"将一些人为选择出来的特性赋予科学，然后建构出一条将一些智力活动区分为'非科学'的社会边界"④。可

---

① Regula Valérie Burri, "Doing Distinctions: Boundary Work and Symbolic Capital in Radiology", *Social Studies of Science*, Vol. 38, No. 1, 2008, p. 36.

② 这些领域的边界研究包括：（a）社会和集体认同；（b）阶级、族裔/种族和性别/两性不平等；（c）专业、知识和科学；（d）共同体、民族身份和空间边界。参见 Michèle Lamont and Virág Molnár, "The Study of Boundaries in Social Sciences", *Annual Review of Sociology*, Vol. 28, No. 1, 2002, pp. 749 – 765。

③ Monika Kurath, "Boundary Work and the Demarcation of Design Knowledge from Research", *Science & Technology Studies*, Vol. 28, No. 3, 2015, p. 95.

④ Thomas F. Gieryn, "Boundary-work and the Demarcation of Science from Non-science: Strains and Interests in Professional Ideologies of Scientists", *American Sociological Review*, Vol. 48, No. 6, 1983, p. 782.

见，边界工作并不着眼于实验室内部知识生产的"自下而上"的过程，而是关注于实验室外部赋予科学事实以认知权威性的"自上而下"的过程，也就是说，在远离实验室和专业期刊的自然场合，科学的边界是何时以及如何被划定和辩护的，科学的文化空间是如何以内在的权威性力量将自身与那些不那么权威的非科学区分开来的。由此，吉瑞恩通过四个案例的范例式研究来展现科学行动者是如何垄断、扩张、排斥和保护自主权的：一是霍布斯与波义耳关于空气泵的争论佐证了垄断性文化权威的建立，这一垄断的方式主要表现为将另类的、具有竞争性的行动者驱逐出去；二是达朗贝尔和狄德罗撰写的《百科全书》展示了那种使科学边界的扩张得以合法化的企图，而这种扩张又以其他知识生产体系为衬托；三是伯特的案例考察了对反常科学家的驱逐，并以此实现社会控制、维持职业声望以及公众信心；四是美国科学顾问的研究证明了科学与政治之间有争议的边界对于行动者而言并不是坏事，科学家可以通过保全自身的自主性来免遭政治外来者的入侵或控制。①

可见，科学在认知上的权威性地位并不是先验固有的，而是伴随着行动者之于自然事实的合法管辖权所进行的商榷而不断形成的。这种"文化空间的公信力竞争"分为三种类型，每一种类型从事不同的边界工作，旨在取得足以宣布其科学成果是真实且可靠的权威性地位。第一，排斥：竞争双方在具有权威的文化空间内，不断制造和审查自然的合法主张，由此，他们通过给竞争者贴上"伪科学""业余科学""垃圾科学"等标签，将不一致的主张驱逐出该专业领域，以此拒绝给予那些在实际判断中不支持本方的竞争者以特权。第二，扩张：两个或两个以上相互独立的认知权威，在有争议的本体论领域中争夺管辖权，在此过程中，科学行动者会不断寻求边界的有效扩展，以此占领那些对他们而言不太可靠、不太真实以及不太相关的知识领域。第三，保护自主性。外部力量的介入并不会直接将科学从知识权威的位置上驱逐出去，却会导致有人以破坏科学资本和象征资源的方式利用这种权威。当政府

---

① ［美］托马斯·吉瑞恩：《科学的边界》，载［美］希拉·贾撒诺夫等编《科学技术论手册》，盛晓明等译，北京理工大学出版社 2004 年版，第 325—338 页。

决策者或企业资助者试图让科学成为政治或市场利益的俘虏时，科学行动者会通过划界工作来保护自身在选择问题或判断标准上的专业自主权。在此意义上，科学行动者会在科学知识可能产生不利影响的情况下迅速划定界限以逃避责任和指责。①

总之，为了实现诸如获取知识权威或职业机会、确定或排除非专业人员、争夺物质资源或保护科研自主性免受外部控制等专业目标，科学行动者会主动采取不同的划界策略，以"排他性"的方式为代表自身利益的群体贴上"科学"的标签，以此剥夺"外行"的话语权。那些划分科学和非科学的种种划界尝试，例如，传统科学哲学的认知划界标准，或者科学社会学的社会化制度规范，实际上也是对科学的边界进行策略性划分的修辞方法。基于划界活动的功能以及策略，研究划界活动的视角是多样化的、灵活的，并根据行动者的利益诉求不断重新塑造或绘制，由此所设定的科学特征以及随之所确定的边界也不再是固有或者单一的，其本质是按需赋予的，无论是经验性还是理论性，纯粹的还是应用的。但是，吉瑞恩的划界活动不仅强调社会和文化之于边界实践的建构性，而且还内含着科学本身的权威性诉求。也就是说，科学行动者立足于与其他社会角色或成员的微观互动，通过划分和制造所谓的科学和非科学文化实践之间的区别，招募盟友、剔除政敌并保持自身的领导位置，继而控制这一层面的文化权威分配权，使自身在科学可信性、声望、权力等象征性与物质性资源的争夺中占据特权地位，这也正是划界活动的旨趣所在。

二　认知权威：在社会情境中划定界限

由于近年来科学工作的自主性和权威性，面临着来自科学界内外的严重威胁，科学如何建构自身的边界已经成为学术界关心的热点话题。在传统的知识生产体系中，科学作为一种认知权威或知识权威的客观来源，赋予了科学行动者客观表征自然的权威性地位，以至于公众相信援引专家知识就足以保障政策健全、商品可取以及行为合法。

① Thomas F. Gieryn, *Cultural Boundaries of Science: Credibility on the Line*, Chicago: The University of Chicago Press, 1999, pp. 15 – 17.

正是这种权威性，导致大众媒体、政府决策和网络空间都充斥着关于文化信誉的竞赛，科学专家被要求以所谓的"客观且可靠的事实"为各方或各种意见辩护，比如烟草研究所的研究人员会因为烟草公司的资助而对外宣称，目前还没有任何科学研究能确切地证实二手烟与非吸烟者肺癌的发病率增加之间存在着必然的因果关系。在此意义上，科学方法、事实与理论之间的分歧或争论，看似削弱了科学的权威性地位，但是实际上争论的双方都将科学带进了捍卫其主张的战斗之中，科学的认知权威性也正是在这一关于信誉的斗争中得以突显出来。也就是说，如果科学的认知权威受到了争论双方的公开质疑，那么有关自然解释或预测也就不会如此顺利地从实验室转移到产业界、政府决策部门以及新闻媒体。正相反，这些对抗对手的行动者会披上科学的复杂外衣，强调科学是可靠知识的唯一提供者，以此来将自身所提供的陈述或产品界定为真实的、令人信服的，而其他的并不是。"当今科学的知识权威是如此可靠，以至于即使是那些针对自然的科学理解提出异议的人，通常也必须依靠科学来提出一个有说服力的挑战。"①

也正是基于这一特殊的权威性，科学行动者需要在科学与种种非科学之间确立一条边界，以此形成一种使其保持相对独立性和自主性的有效屏障，保证他们占据合理的资源和阵地，并阻碍坏科学或伪科学窃取这些资源。例如，传统的本质主义划界路径就是这样一种尝试，科学哲学家基于科学、技术与社会三者之间的显著区分，试图寻求一组必要且充分的本质性特征，这些特征作为一条分界线能一劳永逸地将科学从其他文化实践和产品中区分出来，以此维系科学之于表征自然的认知权威性地位。但是这种捍卫权威性的划界尝试遭遇了现实的困境，因为科学、技术与社会之间的边界处于动态的含糊性之中，特别地，科学技术始终难以满足所有认知需求，有关技术的风险决策更是部分地依赖于非科学因素的扩展。因此，鉴于科学知识的不确定性以及社会感知的重要性，所谓的普遍有效的划界标准难以在驱

---

① Thomas F. Gieryn, *Cultural Boundaries of Science*：*Credibility on the Line*, Chicago：The University of Chicago Press, 1999, p. 3.

逐他者上取得成功。

在此意义上，科学与其他知识生产活动之间的区分，从情境上说是偶然的，或者说，这种科学边界的划定受到了各种利益的驱动，并有选择地利用不一致、含糊化的特征。正如维特根斯坦的"规则遵循悖论"① 所描述的那样，规则的意义就是规则的使用，根本不存在超越于实践的宏大规则来决定科学行动的后续展开，任何规则的具体实施都不是由背后的一套范式或社会来决定的，而是在实践过程中情景化产生的一种遵循，由此，所有的行动都要落脚到实践之中，而不是由社会结构来决定。也就是说，"科学家更像是加芬克尔所说的意义制造者，而非帕森斯、波普尔或拉卡托斯所言的规则遵循者"。② 在此意义上，当代 S&TS 研究开始将科学作为一种行动性的实践活动来进行考察，而不是由外在标准所统筹的知识合集，进而将社会学研究的关注点从宏观范畴的集体性结构转向微观范畴的个体性行动，即通过"个体所掌握的特定资源和语境"来建立新的传统。③ 这种微观化的建构论路径关注于科学行动者个体在地方性情境中如何通过权力、利益、修辞等各方要素之间的相互博弈构建出事实和真理，科学知识也不再是"对外在自然的客观反映和合理表述"，而是"科学家在实验室制造出来，又通过各种修辞学手段将其说成是普遍真理的局域知识"④。

正如柯林斯（Harry Collins）所提出的"实验者回归"，没有普遍公认的客观标准能够判定一项实验是否适当完成，在无法对实验质量进行客观的或科学的检验的情况下，科学家会直接转向依靠非科学的优秀标准，比如实验者的权威性、实验室的规模和声誉。⑤ 个体科学

① ［德］路德维希·维特根斯坦：《哲学研究》，陈嘉映译，上海人民出版社 2001 年版，第 94 页。

② 赵万里：《科学的社会建构——科学知识社会学的理论与实践》，天津人民出版社 2011 年版，第 318 页。

③ ［美］安德鲁·皮克林：《构建夸克》，王文浩译，湖南科技大学出版社 2011 年版，第 10 页。

④ 赵万里：《科学的社会建构——科学知识社会学的理论与实践》，天津人民出版社 2011 年版，第 2 页。

⑤ Harry Collins, *Changing Order：Replication and Induction in Scientific Practice*, Chicago：The Universityof Chicago Press, 1985, pp. 83 – 89.

家在广泛的社会中受到建制网络的束缚，这些束缚又限制了研究的合理性选择和实验室内的实验结果。基于此，科学划界亦被视作一种偶然性的实践活动，其实质是科学行动者出于自身的利益考虑，将符合满足其诉求的特征赋予科学，以此主动建构出一条将科学与非科学区分开来的边界，并在这一边界上不断地进行各种社会活动以捍卫自身的立场。由此可见，划界研究的对象不再是科学行动者在实验室内的实践活动或他们在专业期刊上针对自然所作出的重构性描述，而是转向"在社会情境中划定专业界限"的微观互动，考察科学家日常的言辞和行动，是如何构造、维持和挑战科学共同体内部的劳动分工以及如何将外行排除在科学之外。由此，区分科学与非科学的任务从科学哲学这一外在的分析者转移到介入划界过程中的社会行动者，也就是说，划界工作不再仅仅是哲学的理论分析问题，反而更多地涉及科学行动者的实际问题。的确，科学行动者致力于将其特定领域内的知识生产方式与外部的知识生产方式显著地区分开来，以此实现专业目标，获得知识权威、职业机会和保护科学研究的自主权免受外部力量的干涉。[1]

但是问题在于，科学行动者无法将这一过程清晰明了地表达出来，甚至可能只是作为一种默会的知识内在于科学实践过程，而且鉴于专业知识是在技性科学实践和叙事中逐渐建构起来的，科学行动者会不断地通过内部的自省和反思来建构边界，这是一个长期的动态过程。在此意义上，当代科学哲学的划界工作就是将这一长期的过程真实地展现出来，并以相对理论化以及归纳性的语言表达出来，以此弥补行动者与公众之间的知识隔阂。这种划界工作不再将自身置于超脱性的先验理性地位，而是集中于技性科学实践的哲学和社会学审视，进而对那些经常被纯粹的哲学分析抹去或"滑过"的观点、过程和实践进行更为基础和详细的分析。因此，划界活动揭示了一种"局内人"的视角，关注在一个新的地方性情境中，科

---

[1]　Thomas F. Gieryn，"Boundary-work and the Demarcation of Science from Non-science: Strains and Interests in Professional Ideologies of Scientists"，*American Sociological Review*，Vol. 48，No. 6，1983，p. 781.

学从业者如何通过不同类型的话语实践确立、维系、争夺以及巩固科学边界，并由此建构科学在当代社会中的权威性和合法性。但是划界活动的理论意义并不在于为科学行动者提供方法论的指导，而在于为当代 S&TS 视域下主动或被动地参与科学实践的公众、资助者以及决策者提供一种理解科学划界活动的新视角，以此在科学行动者与其他社会系统发生实际交互的场所与机制中，正确认识科学的认知权威性。

三　修辞边界：带出实验室的建构论

基于对科学家、工程师、决策者与公众之间的交互行为所进行的微观分析，吉瑞恩追踪了科学边界的建构过程和科学知识向参与者的扩散过程。但是吉瑞恩的边界活动存在着两个问题。第一，吉瑞恩的划界活动只关注于科学家个体与其他行动者之间的划界活动，不仅忽视了科学共同体及其机构，而且忽视了如何跨越边界并建立科学与非科学有效交流场所的过程。也就是说，吉瑞恩的划界活动只关注了区别，却忽视了联结。沙克利（Simon Shackley）和韦恩（Brian Wynne）在分析全球气候变化中不确定性的处理时，引入了"边界—排序策略"的概念，强调在维持科学权威性的划界工作之后，要基于跨越科学、政策边界的不确定性进行讨论和商议的协调工作，由此才能对科学—政策文化讨论进行有效界定。① 可见，科学的边界工作比吉瑞恩所描述的划界过程更为复杂，比如伦理边界工作中的道德对话不仅跨越两分且矛盾的道德领域，而且还涉及通过行动者的认同和区分来对这些领域进行排序。②

当前科学与政治之间关系的一大特征就在于，科学行动者与政府机构之间相互斗争又相互合作，以此来争夺为科学划定好坏界限的权

① Simon Shackley and Brian Wynne, "Representing Uncertainty in Global Climate Chance Science and Policy: Boundary-ordering Devices and Authority", *Science & Technology & Human Values*, Vol. 21, No. 3, 1996, p. 280.

② Steven P. Wainwright, Clare Williams and Mike Michael et al., "Ethical Boundary-work in the Embryonic Stem Cell Laboratory", *Sociology of Health & Illness*, Vol. 28, No. 6, 2006, p. 745.

力，以及控制该领域的文化权威。在此意义上，成功的联结依靠于划界工作，在建立边界与混合协调的过程中，通过制造科学和非科学实践之间的区别来获得权威，这种双重性活动就是协调工作。协调工作包含了区分和协调的双重性质，前者通过边界活动来描述和区分不同的社会领域，后者通过协调将这两个领域联系起来，也正是在协调不同边界的过程中，差异得以重新区分，由此，区分和协调实质上是同一过程，这两者在捍卫科学权威性的同时维系科学在社会上的可接受性。

基于此，斯塔（Susan L. Star）和格瑞史莫（James R. Griesemer）提出了一种"边界对象"①，边界对象作为边界协商和建构的媒介以及产物，具有很强的可塑性，它们根据地方性需求和运用它的一些群体的界限来自行调整，同时又极为稳固，能够在不同的地方保持同一性。加斯顿（David Guston）的"边界组织"则具体展现了实际上"处于相互区别的社会领域"，这一概念虽然原初只是科学家群体抵御外部介入的认识论工具，但后续却找到了与政策有关的应用，比如研究在科学家和管制机构之间的咨询关系中，政治任务和科学任务之间的策略性划界。也就是说，边界组织作为科学知识输送给政策领域的大致中立的通道，使得科学与政治之间的边界具体化。② 这一边界组织提供了使用和发展边界对象的合理空间，来自不同领域的参与者得以参与到与他们活动相关的协调工作之中，共同探讨这些相互区别的社会领域之间模糊且动荡的边界，这一空间还确保了这些边界相对于外部世界的稳定性。以科学咨询机构为例，在界定问题、组建委员会和制定规则的过程中，科学咨询机构确立了它与受众之间的关系定位，这一机制赋予了咨询机构以权力，让其将外部世界纳入委员会的工作程序，以一种可控的方式再次建立联系。

---

① Susan L. Star and James R. Griesemer, "Institutional Ecology, ' Translations' and Boundary Objects: Amateurs and Professionals in Berkeley's Museum of Vertebrate Zoology, 1907 – 39", *Social Studies of Science*, Vol. 19, No. 3, 1989, p. 393.

② David H. Guston, "Stabilizing the Boundary between US Politics and Science: The Rôle of the Office of Technology Transfer as a Boundary Organization", *Social Studies of Science*, Vol. 29, No. 1, 1999, p. 93.

第二，基于吉瑞恩的边界活动理论，科学与非科学之间的界限更多的是一个实际的、修辞性的问题，而不是基于任何一套划界标准来解决的分析问题。[①]"科学"并不是单一性的，它内含着基础研究和应用研究、经验知识与理论知识、客观知识与主观知识之间的紧张关系，因而科学的定义及其边界是模棱两可的、灵活的，不仅基于历史和文本的变迁而变化，而且时常以模糊的方式不断划定或重新划定。因此，公开确认科学与其他文化或活动之间的显著界限，本质上是一种情境性的利益抉择，取决于科学障碍和与之互动的目的。进一步地，吉瑞恩强调了边界活动中的各种修辞策略，以此来解释在应对来自追求权威的各种障碍时科学家所构建的不同边界。

可见，吉瑞恩的划界工作是为了在科学和不太权威的残余之间划定一个修辞的界限，将选定的科学特征以话语的方式归因于科学家、科学方法和科学主张，以此突出科学的协商性质。[②] 在此意义上，吉瑞恩更多地将划界活动视作争夺认知权威的一系列权宜状况和策略行为，并强调"修辞"在解决科学与社会边界争端中的中心作用。由此，吉瑞恩倾向于强调科学与非科学之间的实际划界，是由"主张、拓展、保护、垄断、否认或限制科学认知权威"[③] 的社会利益所驱动的，却完全忽略了建立科学与非科学分界线的物质性要素。也就是说，除了修辞技巧，划界活动研究还需确认在边界机构及其环境之间建立分界线的其他社会和物质技巧，更重要的是，存在着相对标准化的系统。划界活动不仅会受到科学共同体内部集体性力量的约束，而且会根据受众、政策和行业实践中的问题以及公众讨论来调节其工作，它并不是完全出于个人的私利性诉求或共同体的集体目的就能进行的。因此，无论是吉瑞恩的边界活动，还是加斯顿的边界组织，它

① Anne Holmquest, "The Rhetorical Strategy of Boundary", *Argumentation*, Vol. 4, No3, 1990, p. 237.

② Thomas F. Gieryn, *Cultural Boundaries of Science: Credibility on the Line*, Chicago: The University of Chicago Press, 1990, pp. 4 – 5.

③ ［美］托马斯·吉瑞恩：《科学的边界》，载［美］希拉·贾撒诺夫等编《科学技术论手册》，盛晓明等译，北京理工大学出版社 2004 年版，第 310 页。

们作为一种"带出实验室的建构论"，实际上将"界定合理性边界的权力"① 完全归咎于情境性的磋商，科学的边界和疆界变成了一种由地方性行动者基于磋商而划定的偶然性的社会建构物，进而将划界活动彻底社会学化。

小结　走向科学实践

鉴于传统划界路径的内在矛盾，库恩通过范式确立了科学与外部社会的边界，但又通过科学共同体挖掘出了科学内部的社会特征，从而将科学归结为科学共同体内部的社会。在此意义上，库恩打开了由认识论划界和社会学划界所设置的双重黑箱，解构了关于科学划界免于社会介入的标准划界模式，但是库恩划界理论中保守的社会学与激进的认识论维度，一方面使得库恩丧失了对科学共同体之外的更加宏观的社会的关注，另一方面也导致了科学的认识论地位的丧失，为相对主义的入侵提供了切入点。基于此，"后库恩理论"的科学的社会学—文化学研究，一方面承认外部社会因素对科学内部的介入性影响；另一方面又从社会学的意义上描述了科学认识论权威得以产生的社会机制。其中吉瑞恩的边界活动，作为一种强调个体的微观行动追踪的社会划界模式，立足于科学行动者与社会世界之间的双向互动过程，以人类社会中的政治、经济与文化等因素来解释科学共同体划界活动的建构过程，但是这种"科学的文化或社会建构"仅仅为科学划界提供了一种社会学的解决方案，同样没有找到塑造科学的认识论特殊性的认识论机制。其根本原因还在于，他们对科学实践的关注仅仅是社会学意义上的，即考察科学的运作机制中所蕴含的社会学特征。要想解决这一问题，就必须将认识论本身实践化，将科学的合理性、客观性、有效性等维度真

---

① ［加］瑟乔·西斯蒙多：《科学技术学导论》，许为民等译，上海科技教育出版社2007年版，第39页。

正置身于科学的"生活世界"之中，进而将物质性维度纳入对科学的界定之中，只有这样才能既解释科学所具有的社会性与历史性，又维护科学在认识论上的特殊性。基于此，科学重归现象层面的"唯物"，重塑一种新的科学实践哲学，已经成为当前科学哲学界的共识。

第二章　干预主义视域中的划界

在当代 S&TS 的研究视域下，科学哲学领域通过对科学实践的关注来实现自我发展的转变，即通过对"理论优位"的超越来实现培根所提倡的实验室科学，从而实现"作为知识的科学"向"作为实践的科学"的维度转变。由此，科学事业不再是超越时空维度的普遍客观的真理追求，而是驻足在具体时空之中的具备地方性维度的认知和实践活动，科学从空洞的一般性问题中解放出来，深深植根于特有的、地方性的结构之中①。科学哲学也不再追寻普遍性的宏大叙事，而是立足于具体情境，回归关注科学现象本身的"唯物论"②，从而实现达斯顿称之为"应用形而上学"③ 的科学哲学诉求。这种"唯物"的回归为当代 S&TS 视域下的科学划界提供了认知上的可辩护性，以此来规避科学彻底泛化在社会运作机制之中。

鉴于科学哲学的实践转向，哈金反对内在或外在于科学的超越者，这种超越者作为既有的规范来统摄科学的发展，相反地，科学的有效性是通过科学构成要素在具体时空范畴中相互契合来得以保证的，由此，科学对象、知识和现象都呈现出一种生成性的哲学特征。这种生成性并不是由包括社会和自然在内的外在因素所驱使的"建构主义式"，而是不借助于任何超越现象本身的力量，通过现象本身去

---

①　Peter Galison，"Ten Problems in History and Philosophy of Science"，*Isis*，Vol. 99，No. 1，2008，p. 111.

②　这里的"唯物论"不再坚持传统的本质主义思路，为世界的存在寻求一个绝对根基，而是采取一种经验主义思路，将"唯物论"奠基于真实实践中的"物"之上。

③　Lorraine Daston，"The Coming into Being of Scientific Objects"，in Daston，L. ed.，*Biographies of Scientific Objects*，Chicago，London：The University of Chicago Press，2000，pp. 117 – 131.

说明现象的产生和消失的"自然主义式"①。因此，这种强调实验干预的科学划界悬搁了局限在本质性内涵中的传统本体论、认识论和方法论问题，在现象的层次上提出新的本体论、认识论和方法论的研究进路，从而为科学哲学实践转向视域下科学实在论与反实在论、科学知识的普遍性与地方性、理性主义与相对主义等问题的讨论，开创一种新的论证方式。

第一节　实验室研究：科学划界的实验维度

伴随着近代自然科学的发展，特别是培根以来，"实验"日益成为探究科学知识的有效途径，科学行动者的研究视域也开始转向原子、电子等微观领域，由此出现了理论实体是否存在的问题，这对大多数科学家所持的"科学理论是对自然界的真实描述"的观念提出了巨大的挑战，即这些在实验室中"创造"出来的事实在现实世界无法找到。由此，引发了关于科学实在论与反实在论之间旷古持久的争论，并逐渐成了科学哲学中的基本问题之一。但随着争论的发展，"实验"这个诱因逐渐为人所遗忘，仅停留在理论的层面加以论证或者辩驳。在这一背景之下，哈金的《表征与干预》于1983年面世，这标志着科学哲学开始逐步重视对"实验"的研究，并实现从"表象主义"到"干预主义"的研究视角的彻底转变，在此意义上，实验、仪器等物质要素以干预、改造自然的实践性介入科学哲学的研究视域之中。

一　肇端：从表象主义到干预主义

传统科学哲学的划界依赖于真理与现实世界之间的对应关系，这种绝对化的逻辑主义进路以自然赋予理论以科学性，却为相对主义留下了足够多的可利用空间。鉴于理论的可错性与不确定性，以及相互

---

① 哈金一方面作为自然化本体论的主要支持者之一，另一方面其自然论又是彻头彻尾的历史主义。参见 Ian Hacking and M. A. Khalidi, "Historical Ontology by Ian Hacking", *Philosophy of Science*, Vol. 70, No. 2, 2003, pp. 449–452。

竞争的理论之间的不可通约性，社会建构论者直接宣称理论最多是有根据的、充分的、好用的、可接受的，但是不可信的。这一矛盾的关键在于探索理论与现实之间的对应关系，或者理论是否通向真理这类问题是没有结果的、无意义的，只会走向表象主义的死胡同，因为目前为止科学哲学家还无法论证那些属于思维方面的理论或真理与外在的客观世界的对应性，也无法在理论层面论证何者更为优越、更为先进，他们只会各执己见而无法获得相互的认同，因而当代科学划界研究所能做的仅仅是通过对外在世界的改变来确保促使它变更的因素的有效性，或者说，通过实验操作产生现象或效应来寻找无可辩驳的合理性和实在性，并以此与其他的实践方式相区别开来。也就是说，传统科学哲学热衷于纯粹的思维理论研究，而不重视于实际操作的实验，科学哲学的发展由此变成了一部理论史，实验、实践以及干预的概念被排除在科学哲学的视域之外，更无法成为辨析科学与非科学的判定基础，因而科学划界被表象久久束缚，无法突破"一组充分且必要的划界标准"这一理论维度，更无法实现实验意义上的科学实践转向。由此，科学划界需要从说明世界是什么的"表征"，转变为用实验及其随之而来的技术改造世界的"干预"，以此确立实验在抵御伪科学/反科学中的基础性地位。

第一，实验有自己的生命。

传统意义上的科学是实验与理论活动的结合，但哈金认为实验与理论之间的关系相当复杂，并不简单地等同于理论先于实验或者实验先于理论等确定性的时空关系。实验与理论两者分别具有多样性，前者包含了实验对象、实验主体、实验工具、实验活动、实验现象，如各种探测仪器、数据制造器等内容，后者涵盖了假说、类比、数据表达式、物理模型、解释及分析等，因而理论与实验都是各种因素相互作用的复杂性整体，两者之间保持着相对的模糊性与互构性。一方面，实验本身需要理论的支持，理论需要实验的论证；另一方面，理论会推动实验现象，实验现象也会推动理论的发展。在此意义上，哈金认同培根的实验与理论的结合，并将它扩张为思辨、计算、实验的有效合作，思辨指通过理性实现对世界的认知，计算指对思辨的换算并使其与现实保持一致，实验则强调通过自身的生命力来产生影响，因而思辨、计算活动与实验在实验室内保持着一种相互联系、相互作用的关系。不过，科学活动的复杂性或多样性并不是哈金最终论证的目的，其论证的最大意义在于凸显出多样性背后实验所具有的生命力。也就是说，哈金的实验实在论并不关注理论实在论，即理论与实验之间存在着对应关系并因而被判定为真理或谬误，反而关注实体实在论，即探究理论实体在实践建构过程中的自然实在性，或者说依靠于在实验室内的实践操作过程来界定科学的真实性。

第二，实验注重操作性。

哈金将观察、现象、发明、判决性实验、测量等都纳入了讨论范畴，目的在于强调实验的操作性而非理论性，进而以科学的干预属性来赋予它独特的认识论地位。对于"观察"而言，传统科学哲学家中有认为忽略观察注重观察语句的语言学看法，有认为每一种观察语句都负载理论的观察渗透理论，还有认为可观察实体与不可观察实体之间并不存在重要区分的保守看法等。实际上，"观察"在科研或实验活动中地位是被高估了的，这主要是受到实证主义和现象学思潮的影响，"观察"因此成了判断的基础和知识的来源，但是"观察"本身仅仅是知识科学活动的一小部分，在很多的实验操作中，我们会通过仪器来观察对象，但重要的并不是"观察"，而在于利用各种仪器设备来展示现象或产生新现象，甚至于"实验会取代原始的观察"，就像对于显微镜的"看"而言，真正的"看"不是所谓的单纯地观察显微镜的事物，而是拥有"样本与成像辐射之间的互动映像"[①]，因而在实验中的相互作用及其操作性更为重要。对于"创造现象"而言，哈金认为他所强调的现象是值得注意的、具有可分辨性的规律性现象，是在实验室中产生的建构意义上的现象，而非自然世界中客观存在着的固定不变的现象。由此，实验的目的在于创造现象，而创造现象必须要通过实验操作，即使用一定的实验仪器以及实验材料通过一系列工程化的操作产生新的实验现象，基于此，科学通过影响其他物质并产生现象获得了实在性。因此，实验的真正含义在于操作，在于产生现象。

----

① ［加］伊恩·哈金：《表征与干预：自然科学哲学主题导论》，王巍、孟强译，科学出版社 2010 年版，第 166 页。

第三，实验中本体论边界的建构。

"实验工作为科学实在论提供了最强有力的证据。这不是因为我们检验了关于实体的假说。而是因为我们能规则地操作原则上不可'观察的实体'以产生新的现象，并探究自然的其它方面。"① 具体来说，只有在实验中，使用以理论实体为依据制造出来的仪器设备，操纵、改变各种情况或产生新的现象，理论实体才具备本体论意义上的有效性。由此，科学建立在当下"所做"的基础之上，实验以多种方式与思辨、计算、模型、发明与仪器等发生互动，通过操作理论实体等对象产生各种可观察的效应，这一干预过程为实验提供了一种本体论意义上的边界。比如电子这一不可观察的理论实体，如果科学行动者能够系统地发射电子来增加或改变电荷，那么电子就不再是假设的、推论的以及理论的，而是可操作的、实验性的，而正是这一创造现象的实验性赋予了电子以自然实在性。因此，传统实在论与反实在论之争的焦点在于理论能否反映某种外在的根基，从而纠缠于理论与实在之间的关系而无法自拔，哈金则认为解决这场争论的关键在于将考察视角从表征转向干预，于是，实验开始进入本体论争论的核心。哈金认为在实验中，通过对相关仪器的"操作"产生的现象，可以确保理论实体存在的确证性，从而为解决科学实在论与反实在论的争论提供一种新的实验哲学进路。

总而言之，从 20 世纪 70 年代开始，随着传统科学哲学的发展遭遇到历史主义的诘难和相对主义的盛行，科学实在论和反实在论之争也成为科学哲学家争论的核心，而该场争论都是在作为表象的科学这一层面上展开的，因而是一场形而上学的、无结果的争论，应当从停留在表征层面的理论实在论转向可以实现干预的实体实在论。在此意义上，哈金主张转变哲学关注点，即从干预的视角展开对科学实验的研究，并强调"实验有着自身的生命"。基于此，哈金塑造出一种基于实验的实体实在论，即实验实在论。在实验实在论中，理论实体的实在性问题的最好解决方式是通过观察、测量、仪器操作、数据分析

---

① ［加］伊恩·哈金：《表征与干预：自然科学哲学主题导论》，王巍、孟强译，科学出版社 2010 年版，第 208 页。

等各种实验干预，而不是依赖于科学理论或表象。也就是说，"如果你能发射它们，那么它们就是实在的。"①

电子可能看不见，但是我们可以通过发射电子来增加或减少电荷，因而当我们把它作为工具使用，它就不再是假设的、推论的、理论的，而是实验的、干预的、实践的，其存在本身也是科学的。可见，原则上不能在现实中观察到的理论实体，可以通过实验操作产生新现象，从而通过考察、探索可观察到的外在现象来判定理论实体的存在。因此，通过从表征主义到干预主义的彻底转变，理论实体在实验室操作与干预过程中实现了自身的科学性，它既不是社会建构的产物，也不是理论发展的产物，亦不是简单先验存在物，而是依赖于实验室操作的科学实在。理论实体本身无所谓是否实在，只有通过实验操作，其实在性才得以确定。由此，哈金提供了一种解决实在论与反实在论的新型进程，并在哲学层面上引领了 20 世纪 80 年代开始的实验室研究。在此意义上，基于实验室研究的科学划界表明，只有在实验室内实现各种要素之间的自我辩护，它才有可能是科学的。

但是哈金的实验实在论过于强调"实验"，导致他的理论局限于实验室研究的物质性维度，极少关注甚至忽视科学理论等意识性维度，从而使得物质与意识被割裂开来，由此实验室内部的运作与科学理论问题都无法得到解答，更无法解答科学的稳定性与发展问题。也就是说，哈金依靠于实验室科学内的干预与操作来建构科学实在性，那么，科学自身的稳定性和发展如何保证？作为科学产物的科学理论又是如何形成、发展，最终成为当下呈现在我们面前的状态的？因此鉴于实验实在论对科学之理论维度的忽视，哈金从 90 年代开始提出了"实验室科学"② 的概念，主张将科学实验室中的要素分为十五

① ［加］伊恩·哈金：《表征与干预：自然科学哲学主题导论》，王巍、孟强译，科学出版社 2010 年版，第 18 页。

② 在《科学理性》（Scientific Reason）中，哈金提到他的初衷是将实验室科学作为克龙比科学思维风格的哲学版本的改进来撰写的，但亦无法磨灭它作为实验室研究一部分的具体内涵，本书试图实现的就是通过从实验实在论到实验室科学的逻辑进程，为以实验为基础的科学划界提供新的借鉴。

类，这既包括实体实在论所强调的物质性因素，也囊括了哈金早期所忽视的理论因素，这些因素在实验室中相互作用最终达到一种稳定状态，而实验室内科学现象的发生，即科学的有效性和可预言性，其根基就在于这种稳定性。在这基础上，通过实验室科学内部实践的延展，科学的地方性生产（实验室）与全球性应用（普遍性）之间在技性科学的基础上达成统一，并以此与其他形式的文化知识相区别开来。

二 辩护：实验室科学及其稳定性①

在哈金的科学哲学视野中，实验室科学保持着自我存在的生命力并具有强烈的自我辩护能力，"当实验科学在整体上是可行的时候，它倾向于产生一种维持自身稳定的自我辩护结构"②。"实验"在科学技术中占据着相当重要的地位，在某种意义上，实验甚至可以作为近代自然科学及其技术出现的标志，因而整个自然科学体系离不开实验这一维度。但是，实验（experiment）还不等同于实验室（laboratory），哈金强调的实验室科学并不是实验科学。实验室科学比实验科学暗含更多的历史文化底蕴和实践效应，一方面，它本身是一个在漫长历史中形成的文化机制；另一方面，只有通过孤立地使用仪器操作来干预实验过程，才能称为实验室科学，比如社会心理学，我们会在其中进行很多的实验，但它并不是哈金意义上的实验室科学，因为在社会心理学中我们很难通过仪器操作来改变、创造现象。

可见，哈金在此处所强调的科学，特指"实验室科学"，是一种"在孤立状态下使用仪器去干预所研究对象的自然进程，其结果是对

---

① 在哈金看来，科学稳定性与科学实在性具有类似性，但在角度上还是不同的。科学稳定性坚持事实与现象是制造出来，而不是观察得到的，相对应地，真理的标准是产生出来的，并不是预先存在的。所以，科学事实一旦被制造出来，就有了足够的真实性，不需要考略先验的存在性或设定。但科学的实在性则不可追溯，如哈金坚持的实验实在论，即通过实验操作产生现象确保理论实体的实在性，而先验的实在性问题的讨论是毫无意义的，需要讨论的是干预性问题。

② ［加］伊恩·哈金：《实验室科学的自我辩护》，载［美］安德鲁·皮克林编《作为实践和文化的科学》，柯文、伊梅译，中国人民大学出版社 2006 年版，第 33 页。

这类现象的知识、理解、控制和概括的增强"①。一方面，实验室科学并不局限于在实验室内的科学现象，还包括在实验室中发生的各种上层建筑领域的理论、模型、规章制度等。另一方面，实验室科学排除了那些以现有的科学水平还无法干预的，仅停留于数据分析而无法达到操作层次，并无法使其研究对象发生种种变化的理论科学，比如天文学、天体物理学、宇宙学都不是真正意义上的实验室科学。因此，"实验室科学"是一个既宽泛又狭窄的指称范畴，它纳入了精神层面的内容却以实用操作性将单纯的假设性研究排除在外，但实验室科学的独特性地位也正是在这个意义上才得以保证的。

那么，对于哈金来说，真正的实验室科学具体包含了哪些内容呢？作为保证认识论上可辩护性的逻辑前提，也就是哈金所提到的实验室科学内含的十五种要素，包括了观念、事物、标记三个层面，即理论、仪器、仪器产生的数据以及对数据进行的统计分析，具体分为："问题、背景知识、系统的理论、时事性的假说、仪器的模型化；对象、修正的资源、探测器、工具、数据制造器；数据、数据评估、数据归纳、数据分析、解释。"②

在观念方面：第一是问题，问题贯穿于整个实验，既可能是基于实验结果的问题，也可能是开始研究前或过程中产生的问题，当然更为重要的还是问题背后所暗含的理论；第二是背景知识，被视作理所当然的背景知识和未曾被系统化的预期，往往是不可或缺的背景信仰；第三是系统的理论，那些既具备主题的针对性又具有一般性和系统性的理论；第四是时事性的假说，这些假说作为联系系统的理论与想象的中介，是比理论更容易修正的内容；第五是仪器的模型化，主要是涉及仪器、设备的理论。

在事物方面：第一是对象，研究一种物质或一个物群；第二是修正的资源，以某种方式改变或干预现象的仪器等资源；第三是探测器，用于决定和测量对象的干预或者修正的结果；第四是工具，实验

---

① ［加］伊恩·哈金：《实验室科学的自我辩护》，载［美］安德鲁·皮克林编《作为实践和文化的科学》，柯文、伊梅译，中国人民大学出版社 2006 年版，第 36 页。

② ［加］伊恩·哈金：《实验室科学的自我辩护》，载［美］安德鲁·皮克林编《作为实践和文化的科学》，柯文、伊梅译，中国人民大学出版社 2006 年版，第 45—52 页。

室操作中更为基本的物质要素，比如螺丝起子，显微镜等；第五是数据制造器，比如简单实验中的一个人或一个团队的计数、显微图等产生数据以供分析研究。

在标记方面，即实验结果：第一是数据，数据简单地说就是数据产生器所产生的东西，包括了各种未经解释的描述、表格等；第二是数据评估，包括对一个可能的错误或一个较为复杂的统计设计的计算；第三是数据归纳，将大量难以理解的数字数据转化为可以处理的数据或图形等显示形式；第四是数据分析，指实验研究中必须要经历的选择、分析或计算机处理等；第五是解释，对数据的解释需要背景知识、系统理论、时事性假说及仪器的模型化等理论作为背景支撑。

这十五种要素就是哈金所强调的在实验室科学中相互作用的基本要素，正是这些不可或缺的要素之间的共存性与互构性，使实验室科学得以稳定，并以此获得独特的自我辩护机制。但是，哈金的实验室科学是局限在一定意义上或范围内谈论的。首先，实验室的十五要素中的背景知识、系统的理论、时事性假说、仪器的模型化都是先于实验过程的公认知识，但实际上还有很多事物是先于实验建立起来的，不仅包括知识，还包括工具和统计分析技术，但是在此处哈金只关注于知识方面。其次，哈金不再关注于"世界观"，即认知或改造的世界到底是什么样的图景，他关注的是实际的实验操作性，只有那些能在实验室科学中创造现象的才是应该考虑的对象，那些在现实的实验工作中并不使用的要素基本被剔除。最后，哈金也不再关注于实验者本人以及与其他行动者之间的谈判或通信、实验共同体的环境以及他们工作的具体场所和研究经费的落实机构等问题，哈金研究的重心仅仅在于如何通过实验室科学的实践操作来维系科学的可辩护性。

但是，哈金所谈论的主题还远不止"实验室科学"这么简单，他关注的是实验室科学如何获得稳定的可靠性。在传统的科学哲学视野中，实验室科学具有先验的可辩护性，但是伴随着相对论与量子力学的兴起，实验室科学遭到了质疑，即伴随着相对主义思想的盛行，科学哲学和科学社会学开始关注于反驳、革命、更替等。针对这种相对主义倾向，爱因斯坦认为科学思想已经可以独立于实验工作而产生和发挥作用，因为理论在某一领域针对现象而言是有效且相对稳定的，比如牛顿定律依然有效，只是不能直接使用，但只要对它进行微小的改进，仪器产生的测量现象同样是有效的。但是哈金所提到的实验室科学的稳定性，不同于其他科学哲学家所认知到的表面层次的可辩护性。

第一，由于习惯性的错误思维，出现了这样一种观点：旧的科学是被原封不动地保存下来的，我们获知的就是原来科学技术被发现或创造的原有的样子。但实际上，"稳定的是已转变为事实、不再拥有眼前利益的各种各样的事件"，我们所认知到的科学已经不是当时的那个样子了，它已经发生了各种显性或隐性的变化，只是日常的持续性使用和我们对事物的命名使它变得不那么明显。第二，"科学的实践像一条多股的绳索"，就算其中的一股会断掉，其他几股还是不受影响、完好无损的，因为作为主体的绳索本身保持不变，局部的变化无法撼动整体的本质属性，从而理论、实验和仪器具有了连续性。第三，"各种科学要素转变为拉图尔的'黑箱'的实践过程"，理论或产品的使用者并不清楚"黑箱"是如何工作的，如从仪器公司买来的或者其他实验室借来的各种实验仪器，行动者既不知道它如何工作，也不清楚如何修复它，更不知道制造这一仪器过程中所内含的一切物质与非物质之间的转译过程，由此，仪器本身并不具备可辩护性，但是其制造者的不断操作与修护等保证了它相对的稳定性。[1]

由此，针对"物质现象与产生这些现象的实验室仪器，如果人们以恰当方式在实验室中安装了某些仪器，并相信这些仪器能够产生预期的物质现象，那么就是说这些现象是稳定的"[2]。作为操作结果的黑箱化理论，相互之间是不可比较的，理论仅仅相对于现象以及仪器来说是真的，也就是说，科学理论只是针对实验室中使用的仪器、操作产生或创造的现象、测量获得的数据等才具有认知上的可辩护性。在此意义上，理论与实验仪器、实验仪器产生的数据以及数据分析相互辩护、相互交缠，并最后实现稳定的成熟的实验室科学，这一实验

---

[1] ［加］伊恩·哈金：《实验室科学的自我辩护》，载［美］安德鲁·皮克林编《作为实践和文化的科学》，柯文、伊梅译，中国人民大学出版社2006年版，第44页。

[2] ［加］伊恩·哈金：《实验室科学的自我辩护》，载［美］安德鲁·皮克林编《作为实践和文化的科学》，柯文、伊梅译，中国人民大学出版社2006年版，第32页。

室科学的自我辩护由此构成了一个理论、工具和数据等要素相互调节的动态网络体系，并由此与其他的网络相区分开来。需要注意的是，哈金并不主张把"自然"（先在的存在）作为科学权威性的根源，也不认同以"自然"或"潜在的"实在来解释科学的成功，共性和稳定性其实也内含着偶然性与情境性。

三　延伸：科学的真理性与普遍性

哈金通过十五个要素的互构使实验室科学达到了相对的稳定，进而实现在认识论上的自我辩护，那么科学的自我辩护性最终达到普遍性的真理了吗？回答这一问题，首先要解决另外一个问题：两个"并不是共同测量"的理论可以同时为真吗？对于这个问题，科学哲学界有三个回答：第一，只有一个终极理论对应于我们的世界，不存在第二个理论可能为真；第二，不同理论对应着实在的不同部分，两个理论可能同时为真；第三，我们持有的系统和时事性理论，针对不同的应用水平、不同的现象和不同的数据领域来说是真的。哈金持有第三种观念的立场，基于实验实在论，现实世界中客观存在着的实在者与科学理论之间并不存在先验的对应关系，或者说理论并不是对现实世界的真实反应或错误反应，实验室科学中所蕴含的理论仅仅针对实验室中产生的某一特定的现象而言为真或为假，没有绝对的真理，只存在相对于现象为真的、建构论意义上的"真理"。

因此，首先，理论不是对应着现实世界而被检验或确证，而是在思想、行动、物质和标志的共识性中达到相对稳定并实现自我辩护。我们并不需要一个关于真理的辩护机制，也并不需要对十五种共存的要素进行修改以使它们在某种程度上获得普遍的共识性。其次，现象是由"实验"创造的，而非预先存在着的，也就是说，基于实验实在论，现实世界中客观存在着的实在者与科学理论之间并不存在先验的对应关系，或者说理论并不是对现实世界的真实反应或错误反应，其仅仅针对实验中产生的各种现象而言为真或为假，相对应地，这一现象也是为了更好地解释或创造科学理论而不断被试验。最后，在仪器运作、实验操作的过程中所展现出的互构过程，无论是物质性的，抑或是意识性的，两者都致力于与客观世界的主动契合，在此基础上，实验室科学的自我辩护机制得以实现。

既然实验室科学并不先验地符合自然以获取真理，那么在独特的实验室环境中产生或创造出的纯粹状态的现象就无法成为完全一般性的存在，由此出现了一个问题，即如何实现从稳定性的实验室科学到实践工作的转变过程，也就是说，如何从局限在实验室中的地方性生产变成普遍性的全球性应用呢？实验室中的科学工作都是局限在实验室内的有限空间中的偶然事件，而大型工业的生产却是对实验室科学的大量的普遍的实践应用，而且现实的再生产过程不可能与实验室环境保持一致，其包含的各种要素以及相互作用的方式也不可能与实验室科学中的各要素和方式相同，因而如何消除地方性生产与全球性应用间的矛盾？答案是现实的实践操作。通过现实的实践操作与活动，一个成功的实验室科学案例会作为知识和技术从实验室迅速地扩展到社会应用，也就是说，通过介入地方性情境的现实活动及其改进，新的实用性理论针对现实的控制环境、工业机器等新型现象保持相对稳定。一方面，"我们想要可重复的设备来使未经驯化的世界以良好效应，但并不是真理性的东西导致或解释了这种效应"①。工业应用的实现并不是由具有所谓的普遍性的真理实现的，反而是由自身工业生产的具体操作所保证的。另一方面，一项外部环境任务的成功或失败都不会构成对这个理论的辩护或拒斥，因为工业应用本身只是针对其控制环境而言的，这项应用性活动受实验室之外具体的工业实践的影响，而实验室科学的理论只相对于在实验室中产生的现象来说是真实的理论——成熟的实验室科学仅对实验室产生的现象来说是真的。由此，局限在实验室之中的地方性生产与全球性应用之间实现了相互的统一。

由此，哈金的实验室科学获得了独特的认知权威性地位，相对应地，哈金的实验室科学也代表着一种全新的科学划界进路，换句话说，实验室科学以内在要素的共存和互构性及其相对稳定性，区别于其他形式的知识和实践方式。哈金之于实验室科学的稳定性的辩护，

---

① ［加］伊恩·哈金：《实验室科学的自我辩护》，载［美］安德鲁·皮克林编《作为实践和文化的科学》，柯文、伊梅译，中国人民大学出版社 2006 年版，第 60 页。

使实验室科学的内涵与外延得到了补充与发展，进而使实验室科学这个概念范畴得以清晰化，并为实验室科学及其稳定的实现的论证提供了真实可行的研究进程。更为重要的是，哈金的实验室科学自我辩护机制展现了实验或者工业等实践的重要性，也就是说，实验室科学真正的稳定性都是针对实验的现象并通过十五个要素互构才得以实现的，因而这种辩护具有了动态性与相对性，以此推动"作为文化的科学"向"作为实践的科学"的转变的进路。虽然哈金的实验室科学辩护机制具有一定的实用主义倾向，但是毫无疑问地，哈金为实验室科学在认知上的可辩护性提供了强有力的辩护。例如，哈金认为理论相对于现象的稳定性是在实践中不断更替或变化的，比如一个理论针对一组现象来说是真的并拥有"自足的数据领域"，但最后却丧失了生存能力，而相对应地，一个理论在一段时间内相对于一定的现象是错误的，但是随着科技的发展，它可能针对另外的现象是真的，所以实验室科学本身就不是一个绝对性、静止的东西，而是随着具体的实验操作、仪器设备、分析模型等的变化而变化的。但是哈金并不等同于相对主义者，后者关注于陈述与理论，反而忽视了实践层面，在此意义上，科学哲学必须要摆脱语义学的束缚，不能局限在所谓的形而上学的框架中，通过抽象的头脑风暴来实现理论争辩的胜利，更多地思考现实行动与实践过程，而不是思考知识、信仰、论证、真理等逻辑辩护过程。

　　但是问题在于，哈金的实验室研究存在着一个理论困境，即哈金所强调的"干预"并不等同于"实验"，还存在着诸多其他类型的干预，但它们并不全然包含在"实验"之中，如概率统计，它并不在哈金所言的实验室科学中获取实在性与自我辩护，但它却又在科学哲学中占据着独特的地位。[1] 因此，哈金的实验室研究只侧重了科学的一个侧面，即实验室科学中的各种现象以及操作，甚至连天文、宇宙学等都被排除在外，那么局限在科学实验室中的认识论与本体论解答何以代表整个科学哲学的哲学论证？恰逢其时，哈金遭遇了福柯

---

　　[1]　Ian Hacking, *The Emergence of Probability*, Cambridge：Cambridge University Press, 1975.

（Michel Foucault）的"历史本体论"思想，该思想为哈金的科学哲学研究提供了新的启发。福柯注重于历史中人类理性的建构，即人自身在历史的过程中得以建构，基于此，哈金将福柯局限在人文社会科学哲学中的"人类理性的建构"转向科学哲学视域下的自然科学哲学中的"科学理性的建构"，将历史引入自然科学领域，通过历史与哲学的相互作用，以及科学史与哲学分析的相互结合，为科学划界的历史建构提供借鉴。这一相互结合的理论产物就是哈金后期不断强调的推理风格，由此，从实验室研究到推理风格，哈金为科学划界提供了一种哲学与历史、历史与理性、认识论与本体论相交织的哲学进路。

第二节 推理风格：科学划界的历史建构

伴随着科学哲学中历史化潮流越演越烈，福柯的考古知识学、库恩的历史主义哲学乃至当下的社会建构论等，都不再停留于形而上学的先验思辨维度，转向了注重具体情境的历史化向度。正是在科学哲学界强调历史作用的同时，一股反历史的潮流也越演越烈，历史主义与理性主义相互博弈，构成了科学哲学发展的新维度。正是在这一大环境下，主要诉诸实验室研究的哈金也开始从福柯那寻找灵感，一方面将局限于人文社会科学的理性拓展到自然科学领域，另一方面以历史的角度对科学行动者及其行为展开一系列分析、研究，进而赋予库恩作为科学共同体共识的社会化"范式"以历史的理性内涵。

一 理性与历史：历史本体论

哈金追随库恩的范式理论，致力于将康德的先天认知判断加以历史化，以此赋予科学独特的认知风格以历史建构性，并将之引申到推理风格的具体维度。科学风格的历史化实现是通过论述科学风格存在于不同的推理风格之中，存在于具体的时空之中而得以实现的。也就是说，科学风格并不是绝对的、静态的、规定的，而是历史的、动态的、叙述的。那么科学风格是如何获得这种历史性与叙述性的？哈金借鉴了福柯的历史本体论。具体来说，福柯通过三轴线实现对人自身及其行为的建构，他认为普遍意义上的理性已经从人类主体分离出来，发展成为悬挂在主体之上具主宰力量的客观存在，理性由此成了人类的思想束缚，因而普遍意义上的理性是毫无意义的，我们需要关注的是历史化的理性。这一理性在历史的过程中通过知识、权力、伦理这三条轴线建构起来，或者说建构人类成为理性主体：首先，道德主体是在特定的、具体的时空中建构自身的；其次，权力主体通过自身参与其中的权力机制（并不是强制性的权力机制）得以建构；最后，理论与实践等提供真或假的可能性，人类成为知识的客体。①

在此意义上，哈金的历史本体论与福柯的理论存在着些许差别。首先，哈金不局限于人自身建构的探求，他试图检验建构的主体、客体等所有形式，如社会领域中事物、分类、概念、人类以及体系等，都包含在哈金进行本体论探求的标题下。其次，福柯仅关注人类及其社会的被建构，也就是说，当分类范畴作用于被分类者，被分类者发生了变化，但是分类范畴本身的变化被忽视。相对应地，哈金则强调主客体之间的互构性与偶然性，主客体都对社会制度的历史运作产生不可逆的影响。更为重要的是，哈金对福柯思想的发展主要体现在"推理风格"之上，从福柯那发展而来的历史本体论与从克龙比（A. C. Crombie）那发展而来的推理风格相结合，构成了哈金推理风格研究的主要内容。

哈金将历史引入科学哲学，并不是将科学哲学中各对象变成历史的产物，而是为科学哲学提供科学史维度，即，将谱系调查研究带入科学哲学中，使科学远离纯粹的形而上学的思辨论证。人类与生俱来的能力与社会制度的发展这两方面共同构成了令人满意的理智取向，在这基础之上，科学的认知风格得以理解。这一理解是通过哲学论证"客体"在历史中是如何被发现的来实现的，哈金称之为"推理风格（styles of reasoning）"。推理风格都有自身具备的历史属性：首先，推理风格本身是历史发展过程中凝聚而成的，比如数学风格，几何运算和阿拉伯数字等都是在科学史中不断形成的，并为各种实践活动所建构，这些对象的不断引入使数学风格不断趋于成熟，最终达到一个相

---

① ［法］米歇尔·福柯：《规训与惩罚》，刘北成、杨远婴译，生活·读书·新知三联书店 2012 年版。

对稳定的状态。其次，推理风格一旦达到稳定状态就不再受历史的影响，而是作为一个可能性的判断标准，衡量该推理风格下的对象或语句的真与假。最后，历史的过程中存在过或存在着各种类型的推理风格，每一种推理风格都有自身形成、发展及成熟的独特方式。这些推理风格最终也会趋于消失，这是科学发展的必然趋势。这些在历史中形成的推理风格为科学的认知辩护提供了可能性，每一种科学理性的判断都是在某一种特定的推理风格之下的，其不能脱离具体的推理风格来谈论，因为一旦脱离，科学理性就会迈向普遍理性的不归路。①

二 历史与哲学：科学推理风格

哈金的推理风格思想直接来源于克龙比的"思维风格"，即哈金对于推理风格类别的历史罗列直接参照克龙比"思维风格"的列表。虽然"风格"这个词在西方思想界由来已久，但在那时它并没有专业的含义。如它最早来自艺术评论家和历史学家，但是他们没有发展出具有统一性的内涵，他们所有关于风格的评论也不会整齐地转变为各种推理模式，更无法将其当作历史科学的分析工具。之后，某些科学史家提出了具体涵义的推理风格，但他们都没有克龙比全面，且更多地局限在一门学科或一个领域之中。不过相对于克龙比的"思维"（thinking），哈金更喜欢用"推理"（reasoning）来标注风格。首先，科学史不仅仅包括思维，还包括讨论、争论和展现等，"推理"能在公共和私人两个领域加以实行。其次，推理更能体现哈金从早期实验实在论中延续而来的干预思想，哈金强调"克龙比在他书中的标题中的最后一个词是'艺术'，而我的将会是'工匠'"②。最后，"推理"与康德的纯粹理性批判相关。康德致力于解释客观性何以可能的工作，并将先验性作为基本原则，而不是把科学认知机构当作历史和集体的产物，而哈金则是在康德基础上的历史化，虽然风格具有客观性，但这并不意味着风格已是客观的——已发现了达到真理的最好方

---

① Ian Hacking, *Scientific Reason*, Taipei: Taiwan University Press, 2009.

② Ian Hacking, *Historical Ontology*, Cambridge, MA: Harvard University Press, 2002, p. 181.

式，而是因为风格已经解决了客观性的问题。

1978 年，哈金在聆听科学史学家克龙比的系列讲座时，第一次遭遇了"思维风格"，也是第一次开始接受并产生"推理风格"这个观念。虽然克龙比直到 1994 年才正式发表针对"风格"的三卷本，但哈金在 1994 年前就读到并读懂了他风格中的很多内容。克龙比没有明确地定义"欧洲传统中的科学思维风格"，但他解释并详细描述了六种方法论风格：在中世纪晚期和近代早期，科学方法得到积极推广和多元化，它反映了整个欧洲社会中研究思路的进步，特别是，这些思路不断地通过自身情景的约束与承诺来寻求问题的表达或解决，而不是通过一个普遍接受的无异议的共识。古典科学运动中的六种科学探究方法和演示主要分为：数学科学中确立的假设（数学推论）；实验探测和对于更为复杂的可观察关系的测量（实验探索）；类比模型的假设建构（假说模型）；比较法和分类法的种类序列（分类调查）；群体规律的概率分析和概率演算（概率推理）；基因进化的历史由来（历史传承）。① 前三种风格在个别规律的调查中发展，另外三种风格在具体时空中的总体规律的调查中确定。但是哈金却认为他与克龙比在三个方面发生了分歧。

首先，克龙比的风格是"过去"的历史，而哈金关注的是"现在"的历史。其次，克龙比认为从第一个风格到最后一个风格本身就是一个历史进程，列表中每个风格都是在它的前任之后才发生的，以及每个依次下来的风格都比之前的风格更接近于现在。但是，哈金认为现存重要的可能不同于早期重要的，所有这六个风格都是现存的、正确的风格，所以这六个风格相互之间并不是一个历史发展的过程，这与历史无关。最后，克龙比转录了他在西方视野形成时期发现的具备重要性与持久性的东西，而不是罗列所有互斥的类型。哈金则认为科学发现的风格也有其早期的形式，更会在克龙比叙述之后不断进化，就像新的推理风格可能在未来出现，甚至于有两个或两个以上的风格相互融汇而成，就像克龙比的第二种和第三种风格的相互作用，

① A. C. Crombie, "Styles of Scientific Thinking in the European Tradition", *British Journal for the History of Philosophy*, 1995, p. 415.

产生了实验室风格。哈金认为克龙比呈现出令人惊叹的、符合他目的的分类和列表，而他所要做的就是在克龙比科学史分析的基础上进行哲学分析或哲学批判。

因此，在克龙比的基础上，哈金将推理风格分为"数学的、假设的、实验的、分类的、统计的和传承的"① 这六类。特别地，实验室风格是哈金自身附加在上面的，作为实验探索与假说模型两者相互作用的结晶，当然实验室风格也是哈金最为关注的，或者说当下最为成熟的科学风格。具体来说，第一，这六类推理风格是在当下同时存在着的，这些推理风格相互间并不具有历史逻辑的更替性，仅仅是在同一具体时空中存在的科学方式。第二，这些推理风格本身是一整套较为成熟的推理体系，这个推理体系构成了某类（针对性）命题的"真或假的候选人"②，或者称其为真或假的可能性空间（truth or falsehood），在这推理体系中，该命题才有可能被证实，成为真或假，在另一个推理体系之中这个真与假的可能性就不再相同。第三，命题本身无法独立于相对应的推理风格而存在，推理风格本身就是提供真或假可能性空间的科学体系，只有在使用推理方式的过程中，推理命题才能获得相关的解释。由此，我们可以理解为何哈金坚持"现在"的推理风格，如果各种曾经或当下的推理风格并存，风格所提供的真与假的可能性空间就会重叠，后期完善性推理风格与早期不完善性的推理风格之间会出现包含的关系，在此意义上，各命题的判断，各可能性的判断会出现各种问题。

虽然，哈金罗列出的是当下的六种推理风格，但"许多的推理风格在自身的历史中显现，他们在明确的时空点上出现，有着不同的成熟轨迹，但是有的消亡了，有的依然强劲"③，也就是说，推理风格内化在出现、成熟以及消亡的演化过程之中，因而随着时代的变化，必然会有某种新的推理风格出现。一方面伴随着新的推理风格的诞

---

① Ian Hacking, *Scientific Reason*, Taipei: Taiwan University Press, 2009, p. 7.

② Ian Hacking, *Historical Ontology*, Cambridge, MA: Harvard University Press, 2002, p. 160.

③ Ian Hacking, *Historical Ontology*, Cambridge, MA: Harvard University Press, 2002, p. 175.

生，会引入了许多新奇事物，即新类型：对象、证据、作为真与假候选人的命题，法则及可能性；另一方面，这一连串新对象的出现是真正成为某种推理风格的必要条件。随着推理风格的确认，新型的实体得以确认，由此关于这一类实体的实在性之争也会得以重新确认，所以，不同的推理风格具备不同的实体，也产生不同本体论问题，如数学推理风格会考虑数学的抽象对象的存在性问题，而实验室风格则会考虑实验中无法觉察的理论实体的存在性问题。

　　因此，推理风格具有自我辩护的能力，并不需要通过外在的条件加以保障，只需要内在的自我发展就能不断保有自我的辩护。也就是说，真理与谬误可以仅仅在推理风格内部裁决，他们自身"自我验证"（self-authenticating）以及"免于任何近似于反驳的东西①。首先，每一种推理风格都有其独特的自我稳定技术，如统计学、数学、实验室等都具备自身独特的自我辩护方式。其次，自我验证保证了某种推理风格的内在稳定，但这并不说明这种风格不会消亡，当然在这哈金并没有深入阐述。最后，这个推理风格在历史中形成，产生各种可能性，引入各种新对象或事物，并具备自我辩护能力，实现相对稳定性的过程，就是"结晶化"（crystallization）②。在这里"结晶"并没有外在的先验加以辅助，仅仅是自身的相互作用，当然这整个历史化过程是具有偶然性的，而不具备必然性，直到这一"结晶"得以实现，整个风格才具备合理性。

三　实验与理性：实验室风格

　　哈金的推理风格包含了六种现存的"推理风格"，在这六种推理风格之中，哈金最为关注实验室风格，一方面实验室风格是哈金实验室研究的延续和发展；另一方面，实验室风格是所有风格中迄今为止最为成熟的风格，它既具备最强的论证方式又具备最成熟的自稳定技术。实验室风格与实验室研究更是密不可分，两者具有思想逻辑发展

---

　　① Ian Hacking, *Historical Ontology*, Cambridge, MA：Harvard University Press, 2002, p. 192.

　　② Ian Hacking, *Scientific Reason*, Taipei：Taiwan University Press, 2009, p. 16.

的特定脉络：从推理风格的视域出发，包括实验实在论、实验室科学在内的实验哲学都只是某种推理风格（实验室风格）下的本体论和认识论等方面的研究，脱离了这个推理风格，其本身的意义就不再具备，更无法讨论。推理风格存在着自身的逻辑，并具有自身独立的辩护体系，哈金试图通过推理风格将之前研究过的科学划界争论等问题加以重新审视和解决，即，将徘徊在科学哲学中关于划界的传统争论，作为特定的科学推理风格的副产品，因为只有在特定的推理风格中才能进行特定的讨论。如在数学风格中的科学和非科学的辨析与在实验室风格中呈现出完全不同的过程和结论。

因此，通过自稳定技术，推理风格得以成为一个自治的微观社会事件，而实验室科学研究一方面是实验室风格中的自我辩护的形式，另一方面它还是推理风格中最为成熟的自稳定技术。实验室科学的自我辩护过程也就是实验室风格中自稳定技术的实现，实验室科学中十五个要素的相互作用达到相对稳定性的过程就是自稳定技术作用的具体过程。由此，科学划界的实验维度与推理风格之于划界的历史建构，既相互联系又相互论证。一方面，推理风格中的实验室风格具有了实验哲学的独特属性，如对实验、干预、实践的强调，实验室风格亦是干预的风格；实验室风格也具有了实验哲学的认识论、本体论或实在性、合理性等具体内涵，如坚持实验实在论，抑或通过实验操作论证理论实体存在的逻辑过程等。另一方面，实验哲学在实验室风格中得到自我辩护，与其他风格下的哲学论证获得了共同生存的机会，科学的多元文化（数学、实验测试、假说模型等）导致了科学哲学理论的多元化，从而在一定意义上化解了某些形而上学的争论，这是哈金从实验实在论到历史本体论一以贯之的核心，无论是通过干预抑或是通过推理风格。

但是哈金的推理风格的主要问题在于，第一，实验室研究并不等同于实验室风格，一方面实验室研究包括了实验实在论与实验室科学两者的具体内涵与发展过程，但并不涵盖实验室风格中所有的要素和性质；另一方面，虽然实验室研究诉诸实验室风格，但两者还是具有维度上的不同，实验室研究本身是观念、理论或体系与实验、干预或操作之间相互作用的动态网络，虽然实验室风格也强调干预属性，但这是在思维层面对于干预的强调。也正是在这一思想进程中，我们可以清晰地看到，从实验哲学到推理风格的主客之间关系的变化：从强调主客间相互作用的干预、实践，转向了强调主体（推理风格）对客体的动态建构，尽管主客间仍存在相互作用。这两者存在着本质的区别：前者试图通过实验、干预、实践来消除主客二分，而后者在主体作用于客体的过程中强化了主体；前者强调客体的实在性而后者否认客体的实在性。这是哈金科学哲学思想中明显的变化，虽无法称为思想的后退，但是也在一定程度上构成了哈金科学哲学思想中的一大冲突或矛盾。

　　第二，在哈金看来，历史起源于不同的推理风格，数学或实验等的对象是在思维风格之中的，各种真实与谬误之争也是在思维风格之中的，对象本身都是观念衍生出来的。那么，哈金是否陷入了他想竭力避免的相对主义之中？通常地，相对主义者认为一个语句在一种风格中为真，而在另一种风格中为假，即针对不同的风格获得真假性；而哈金认为他针对不同的风格获得的是真或假的可能性，一个语句在一种风格中具备为真或假的可能性，但在另外的风格中根本不能为真或假，因为其根本无法讨论，不具备为真或假的可能性，甚至于不同风格之间也不是不可通约，只是在不同的领域内而已。哈金这种论证形式在一定意义上是相对主义的一种变形，即使是为真或假的可能性，它也是相对于某一种特定风格而言的，其他的推理风格被完全排除在外。真或假的可能性与真或假不同，可能性赋予整个风格以偶然性与动态性，但是哈金对于各种风格之间的更替或影响等都未提及，只提到欧洲传统科学中的六种风格同时存在着，由此各种风格看似不能相互转换也不能相互影响，进而具备了绝对的独立性与封闭性，相互之间完全割裂开来。

　　总的来说，以哈金的推理风格为视域，反观哈金整个哲学思想体系，以推理风格为汇总点，存在着三条历史与逻辑线索：第一，哈金的推理风格是从福柯的"历史本体论"发展而来的，即，将人类理性的建构转化到科学风格的建构，将具体的历史内涵引入科学划界；第二，哈金的推理风格是对克龙比"思想风格"这一历史研究的哲学分析，由此哲学意义上的对象引入、自稳定技术、哲学争论等都得以阐释；第三，实验室研究中包含的实验实在论与实验室科学仅仅是在实验室风格之下的讨论，其他风格会有不同的风格研究，更有不同的本体论与认识论意义上的讨论。当然，哈金思想并不是只有这三条逻辑脉络，只是这三条逻辑线索贯穿了哈金思想的始终，更刻画了哈金前后期思想转变的内在因素与外在影响，即推理风格思想的逻辑与历史来源。在这三条逻辑脉络的背后，还暗含着一些更为深层次的思考。首先，这三条脉络对于干预、实践的强调贯穿始终，这与科学实践转向的社会大背景有关，也与其自身从《表征到干预》开始的新实验主义式的坚持有关。也正是对实践的彰显，哈金的推理风格从极具主观色彩的思维风格抽离出来，不再局限于人自身思维层次的思考，更摆脱了形而上学意义上的本体论与认识论讨论，提供新型的独具意义的研究进程。其次，哈金的推理风格把握了空间性和时间性两个维度，在推理风格内部，特别是实验室风格内部，保持着实验室的空间性和地方性，而推理风格在历史中的结晶化过程，又在一定程度上是时间性维度阐述，两者保持着一定的互动关系。由此，哈金整个科学划界思想体系中包含了实验、历史两个维度，正是对自然科学的实验分析，理论实体获得了科学实在性，实验室科学才获得了自我辩护；正是对历史的分析，人的思维与人类自身及其行为产生了互动，推理风格获得了历史性和自辩性。

第三节　生成性：科学划界的哲学审视

20世纪80年代以来，以《作为实践与文化的科学》一书的出版为标志，科学哲学的研究发生了实践转向，它们不再仅仅关注于抽象的理论辩护机制，而是立足于科学实践来描述性地展示科学真实的运作机制，主要的研究者包括了皮克林、拉图尔、林奇、哈金等。其中，哈金所持的"实验室各种因素的互构保证科学稳定性"与皮克林等所认为的"科学知识的增长是不断遭遇的阻力在实践中迫使科学家们不断调整具体实践情况的结果"的思想具有一定的联系性，但是哈金更为注重本体论意义上的研究进程，而其他人更注重社会学意义上的研究进程，因此哈金以实验的干预性赋予了科学以认知特殊性。

不同于前期科学实践哲学转向中对实验的微观案例研究，即，将实验放到科学知识产生、发展和传播的语境中分析，哈金从不同于其他人的实验实在论出发，侧重于对实验室科学的自我辩护机制，以此来重塑科学社会化趋势下科学的认知权威性。由此，哈金对科学实践进行了本体论、认识论和合理性等方面的重构工作，成为当代科学划界研究中的一种典型进路。生成性是科学划界的重要特征，正是科学对象、知识和现象的生成性，导致科学不能脱离于情境性和实践性。

一　本体论：从实在到历史中的真实

自逻辑实证主义兴起以来，科学哲学就不断驱逐形而上学，将科学哲学的视域局限在探知科学知识基础的认识论领域，从而实现近代西方哲学所诉求的语言学转向。由此，知识与实在、认识论与本体论被割裂开来，强调客体本身存在性问题的本体论研究被传统科学哲学所忽视。正是对本体论的祛除，导致科学划界问题在表征层面争议不断，科学与非科学之间的辨析更陷入了科学哲学家所极力排斥的思辨形而上学之中。哈金的本体论工作主要包含两个层面：一方面，与传统科学哲学（逻辑实证主义和社会建构主义）将其工作限定在认识论领域的哲学进程不同，哈金将本体论重新引入科学哲学之中；另一方面，哈金对传统本体论概念进行了改造，传统本体论的主要任务是寻求复杂多变的现象世界背后的那个永恒不变的本质，唯物论和观念论都是如此，而哈金则规避了对永恒本质的追问，主张新的本体论应该关注科学实验的真实展开过程。

那么，哈金是如何完成对本体论的改造的呢？哈金的主要工作是改变对"实验"的界定。传统哲学认为实验仅仅是延伸或强化人类感知能力的手段，因此，科学家通过实验是在发现最初难以直接观察到的那些理论实体、效应或现象。最初这些实体、效应或现象本身的存在是本质性的，仪器或实验对它们的存在是没有作用的，但是哈金则认为，实验是这些实体、效应或现象存在的条件，是主客体得以交织、科学实践得以发生的真实情境，更构成性地影响着这些实体、效应或现象的生成、演化或消亡。在此意义上，科学家在科学实验的过程中就不再只是一个旁观者，而成了创造者，实体、效应或现象也得以获得了现实的有效性，不仅具备建构性的特征，还具有了情境依赖性。当然，哈金对本体论的这种改造，也为他进一步讨论认识论问题提供了理论基础。既然实体、效应等的本体论地位是在实验中建构性地获得，那么，它们的存在也就具有了空间和时间特征。

（一）空间性：科学现象的情境化

传统科学哲学认为，存在着内在于或外在于科学的"实体"，这个"实体"是普遍、客观、超越空间性和时间性的存在。在实验室中，符合"实体"本质的现象或事实，不断被发现，但是它是先于实验的先验存在，并不会因"发现"而发生变化。哈金反对这种追寻抽象"实体"的哲学诉求，他认为我们应该远离抽象化哲学思考以及对于那些不可靠的外在感觉材料的依赖。① 科学现象或事实并不是自然的馈赠，而是由科学家在实验室内创造出来的，其本身并不具备独立性。"那些用于阐释、表达及测试理论的现象在被我们创造前根本不会以一种纯粹、本质的状态而存在"②，在创造之后也不能脱离于实验室情境而存在。由此，哈金的实验室类似于劳斯所提到的，不仅是科学家进行实验操作的物质空间，更为重要的是"实验室是建构现象之微观世界的场所"③。这个被建构出来的与外界相隔离的实验室空间，是理论、仪器和标记等不同要素共同发挥作用的情境。科学家所要实现的不仅仅是使现象以简单化、程序化地在隔离的具体情境中显现，更多的是以某种方式引入、操纵被约束在微观世界的实验对象，使其置于互动之中。进而，科学家在实验室这种特定的情境之下建构出在宇宙中并不存在的人工现象，如激光、冷原子等是从未在宇宙中天然存在过的存在物。实验对象也是在该情境中被建构出来的，由此所获得的实验对象是可把握的、可知的，如用标准发射器发射的正电子和电子来改变电荷等。所以，科学哲学所要关注的是现象

---

① ［加］伊恩·哈金：《表征与干预：自然科学哲学主题导论》，王巍、孟强译，科学出版社 2010 年版，第 177 页。

② ［加］伊恩·哈金：《介入实验室研究的自由的非实在论者（下）》，黄秋霞译，《淮阴师范学院学报》2014 年第 2 期。

③ ［美］约瑟夫·劳斯：《知识与权力——走向科学的政治哲学》，盛晓明等译，北京大学出版社 2004 年版，第 106 页。

层次的真实，即现象自身在情境之中的建构过程。

（二）时间性：科学对象的历史化

哈金的历史本体论将福柯局限在人文社会科学领域的历史解放到自然科学之中，强调历史在科学对象的建构过程中扮演着基础性的角色。福柯的主要任务是理解"客体是如何在话语中形成自己的"[①]，在这个意义上，哈金尝试着理解对象是如何在科学推理风格中构成自身的。由此，科学对象在历史演化的过程中不断嬗变，由科学推理风格引入，并在风格之中逐渐产生、凝结，抑或消失，呈现出动态性的特征。以霍尔效应为例，"在霍尔天才地发现如何在实验室内隔离、纯化和创造霍尔效应之前，霍尔效应并不存在"[②]，一方面这一对象只有在波义耳彻底"结晶化"实验室风格之后，才有可能出现在科学家的视野之中；另一方面这一对象并非真理性的先验存在者，而是在真实的实践中机遇性涌现的产物。所以，在风格"结晶"（crystallization）之前，科学对象并不具备自身的意义。但这并不意味着思维风格之于新型的客体与推理方式具有优先权，思维风格本身亦是由推理方式以及处理对象所构成的，因而风格与对象是在互构的过程中共同生成的。同时，这种结晶化"就像水结晶一样，形成一种新的物质，即冰"[③]，这一阶段的突变或革命，在化学中是可逆的，但对我们这个所建构的世界而言，我们已经回不到结晶化之前的世界了，由此对象是在不可逆的时间中真实地涌现出来的。

传统实在论赋予科学认知客观世界的重任，反实在论则试图解构科学之于自然的真理性地位，主张科学只是有用的工具或社会建构物。然而这些之于理论与世界关系的思考，都陷入了观念论的死胡同，因为在表征意义上，哲学家难以获得支持或反驳实在论的终极论证，更无法为"实在"提供有益的理解。基于此，哈金认为如果一把电子枪，能发射极化的电子到铌球上，并最终改变了铌球的电荷，

---

① Ian Hacking, *Historical Ontology*, Cambridge, MA: Harvard University Press, 2002, p. 98.

② ［加］伊恩·哈金：《表征与干预：自然科学哲学主题导论》，王巍、孟强译，科学出版社 2010 年版，第 181 页。

③ Ian Hacking, *Scientific Reason*, Taipei: Taiwan University Press, 2009, p. 16.

那么电子的实在性就不言而喻了。① 因此，一方面哈金强调"'实体实在论的实验性论证'须依赖于使用实体来达成效果或深入研究现象的方法"②，另一方面他的工作实际上对实在概念进行了改造。传统实在概念指向具体存在物背后的共性，指向那个大写的存在（Being）；而哈金所认为的实在（reality）、"实在的"或"真实的"（real）则是指具体的存在之物（entity，being），而具体之物的存在显然是有条件的，因为它是在实验室的具体情境中由科学诸要素相互作用生成的，进而，实在可以立足在生成性的维度获得阐释，实验实在论也具备了哲学的依据。由此，哈金科学哲学的生成性维度，在强调表征（理论实在论）转向干预（实体实在论）的基础上，使实体实在论摆脱本质主义的困扰，从而在一定程度上克服了传统实在论与反实在论的争论。

因此，哈金的本体论思想以实验的干预性来摆脱理论表征的哲学束缚，又以生成性的实践情境来摆脱本质性的自然实在，这种生成性的本体论向度破除了传统划界的哲学困境，科学与非科学/伪科学之间的区别不再由外在的自然或社会所决定，也不再停留于理论层面上关于划界标准的抽象性思考，而是扎根于实验中的实践操作，在具体的仪器操作以及现象产生的干预过程中进行辨析。这种实践的维度使得科学划界得以真正地回归"唯物"，但是"唯物"不是康德意义上的物自体层面，而是依赖于实践的建构性，它关注在一个动态的世界中，科学对象是如何在实践科学家的干预视野中出现和消失的。在此意义上，实验室内的干预操作及其现象的创造，为科学划界提供了一个将建构主义与实在论相结合的有效划界模式。

二 认识论：从知识走向实验

既然"实在"不再是那个永恒的存在（Being），反而成为具体存在之物且具备了实践建构性，那么，科学知识的基础也就不再超脱于实践之外，反而内在于科学实践过程。传统科学哲学坚守着自然与社

---

① ［加］伊恩·哈金：《表征与干预：自然科学哲学主题导论》，王巍、孟强译，科学出版社 2010 年版，科学出版社 2010 年版，第 18—19 页。

② ［加］伊恩·哈金：《介入实验室研究的自由的非实在论者（上）》，黄秋霞译，《淮阴师范学院学报》2014 年第 1 期。

会、主体与客体之间的显著区分，最终陷入了反应论意义上的表象主义科学观，它预设了一个外在的、独立的客观实在（自然或社会），视科学为超验存在的正确表征。这一表征传统主要源于赖欣巴哈关于"辩护的逻辑"与"发现的语境"之间的区分，这一区分界定了科学哲学的任务，即在辩护的语境中研究科学的逻辑结构，涉及利益、权力的科学发现过程应交给社会学家和心理学家。由此，科学哲学所研究的是作为知识和文本的科学，科学也因而被禁锢在理论层面，并排除一切非认知因素的介入。基于此，科学的实践活动被描述为行动者自觉遵循某种精心安排的方法和程序，并按照有意识、计算好的目的来运行的无私利性交易的集体活动。

　　哈金则主张自然与社会、客体与主体之间边界的模糊性，并基于此强调两者在实验室内共生、共存与共演的历史过程。这种科学实践中的互构关系将科学解放到现实的生活世界，实在也得以重新进入科学哲学的视域，从而走向融贯论意义上的干预主义科学观。因此，哈金划界理论的认识论维度并不是透过复杂的科学运作机制去揭示背后所隐藏的本质，如自然规律或社会结构，而是落实在干预之上，通过实验室内理论、仪器、数据等的相互作用来获取知识，通过实验操作论证理论间的选择，反对形而上学的思辨。如同拉图尔所认为的，知识是在实践之中被创造的，不能脱离于实践。所以，科学知识是人参与的知识，从而远离杜威所说的"知识的旁观者理论"，实现既实践又推理的科学。

　　因此，哈金将科学知识独特的生产过程描述为"实验室科学的自我辩护"，在实验室科学内部，各种层次的理论和实验，在获得实验结果的过程中不断改变和修正，实验、理论和仪器所组成的可塑资源被陶冶着相互适应，一方面理论被构建来解释反抗性的实验结果；另一方面实验被铸造来捍卫理论，并最终建构性地"发展出了一个理论形态、仪器形态和分析形态之间可以彼此有效调节的整体，形成了一个相对封闭的体系"[①]。在这一稳定化的过程中，实验室科学中所蕴

----

① ［加］伊恩·哈金：《实验室科学的自我辩护》，载［美］安德鲁·皮克林编《作为实践和文化的科学》，柯文、伊梅译，中国人民大学出版社 2006 年版，第 32 页。

含的理论最终都是针对某一特定的现象而为真的，没有绝对的真理，只存在针对不同的应用水平、不同的现象和不同的数据领域来说为真的理论。也就是说，理论不是对应着现实世界而被检验、被确证，而是在思想、行动、物质和标志的共识性活动中达到相对稳定。科学哲学并不需要一个关于真理的辩护机制，也并不需要对十五种共存的要素进行修改以使它们在某种程度上获得普遍的共识性。同时，现象是由"实验"造就的，而非预先存在着，是包括观念、仪器和标记在内的十五种要素相互作用的结果，由此，科学知识是伴随着现象在实验室内的创造过程中产生、成熟和消亡的，彰显出实践建构性的哲学特征。无论是物质性，抑或是意识性的因素，两者在仪器运作、实验操作的过程中相互作用，致力于将物质世界与意识世界的"契合"，在此基础上，科学在认识论上的独特性地位得以实现。最后，知识与现象的辩证作用，使得哈金破除了立足于静态自然现象的真理符合论，走向立足于动态实践过程的真理融贯论。

　　传统科学哲学认为有效性是与普遍性相伴随的，而相对性与地方性相关，哈金则将这四个概念统一起来。传统科学哲学认为知识是无条件的，哈金却认为知识是在具体情境中生成的，那么知识的拓展就是有条件的，就像拉图尔所描述的火车必须借助铁轨行驶到全球一样，通过准实验室的具体情境保证知识的再生成。正如拉图尔关于巴斯德炭疽病的案例研究所表明的，巴斯德在实验室中所培植的疫苗之所以能够在实际的农村情境中发挥作用，是因为巴斯德"与农民达成把农村转变为实验室的协议"①，被改造为实验室的新农村通过重复实验室内现象创造的具体情境，保障了疫苗从实验室转移到农村后的有效性。可见，一方面，科学立足于地方性情境之中，另一方面，科学通过地方性情境的拓展实现普遍性（有条件的普遍性）。由此，科学知识的地方性与普遍性在生成论的基础上得以协调，科学的相对性和有效性也在现实的实践操作活动中得以保证。这样，有效性与相对性、地方性与普遍性就在实验或实践的基础上得以统一。

---

　　① ［法］布鲁诺·拉图尔：《科学在行动——怎样在社会中跟随科学家和工程师》，刘文旋、郑开译，东方出版社 2006 年版，第 402 页。

三　合理性：从方法论到推理风格

1962 年，库恩所发表的《科学革命的结构》一书，对传统的科学合理性理论提出了挑战，通过逻辑—经验的自我辩护来获得普遍性的科学合理性遭遇危机。理性主义所强调的科学的普遍标准或科学理论选择的绝对依据，与科学的历史变动性相矛盾，科学的研究对象、推理方式等在现实中都是发展变化的，因而它们的标准要么过于严格将某些科学排除在科学范围之外，要么过于宽松将某些非科学乃至伪科学囊括其中。但是，历史主义以格式塔的心理转换等非理性因素来阐释科学，在破除绝对标准的同时，陷入了相对主义。由此，传统的科学合理性问题陷入了理性主义和相对主义相对应的两难选择。

（一）合理性的情境化：破除普遍方法论

为了解决理性主义和相对主义之间的矛盾，中和规范性和相对性两种方法论，拉卡托斯提出了科学研究纲领方法论，通过科学史的理性重建实现逻辑和历史的一致性。但是拉卡托斯的科学方法论还停留在超越性的规范之中，科学合理性成为普遍的预先设定的存在，独立于人类的认知和实践。这种祛情境的合理性概念过于严苛，将科学实践过程中非理性因素排除在外，因而仍为相对主义留下了足够多的可利用资源。所以，正如劳丹所提到的，"如果我们像某些从事研究的社会学家通常倾向的那样，接受一个简单的合理性理论，它被当作是合理的信念加以过多的约束，那么无理性的领域——因而社会学的范围——就将显得非常大。另一方面，如果我们赞成一个内容丰富的合理性理论，更多的信念就将是'固有的'，因而不容许社会学分析"[①]。

可见，第一，科学合理性不能以科学内或科学外永恒不变的基础、准则和方法为基础，它是内在于科学实践之中，随着具体历史的发展而不断演变的。第二，科学合理性不能停留于纯粹的认知维度上的可辩护性，还应满足社会维度上的需求性，利益、权力与修辞等社会因素在科学合理性的界定过程中发挥着相当重要的作用，自然与社

---

① ［美］拉里·劳丹：《进步及其问题》，方在庆译，上海译文出版社 1993 年版，第 220 页。

会的两种语境对科学理论选择标准的确定来说缺一不可。第三，科学理论的选择标准，不应是哲学家头疼的问题，而应交还给科学家，科学哲学仅仅从事于"在科学家对科学的辩护机制中寻求合理性的描述"，考察科学家承认或接受某一理论的认知或社会根源，从而破除传统合理性的本质主义进程，坚持描述主义的哲学进路。

基于此，在横向维度，哈金以实验室内各种异质性要素的相互作用及其最终所达成的稳定关系来保障科学的合理性，这些异质性要素既包括了自然因素，也涵盖了社会因素，由此保证了科学合理性在认知上的可辩护性与在社会上的可接受性。在纵向维度，哈金的科学合理性立足于具体情境之中的科学推理风格，这种推理风格作为命题真或假的可能性空间，为知识和现象提供自身的判断准则，但这种准则并不是既有的，而是生成的，是在历史中结晶而成的。作为发现世界方法的科学推理风格包含了人类固有能力和社会组织机构两个方面，其发展依赖于推理能力的开发，而消亡依赖于社会机构对它的悬搁，两者的角逐呈现出数学、假设、实验、分类、统计与演变这六种科学推理风格。① 所以，获得生成性特征的科学推理风格，展现出了历史主义所强调的历史发展的真实，又通过与科学家的认知和实践的互动关系，来保证科学的合理性，从而协调理性主义与相对主义的矛盾。

（二）合理性的实践化与生成性

这种实践化的合理性概念，为科学哲学中的传统难题的解决提供些许新的洞见。第一，迪昂—奎因命题强调理论作为整体，依靠外在的证据无法简单地被证实或否证，因为科学家往往会通过增加辅助性假说来解释相矛盾的经验事实。因此，证据对科学知识具有不充分决定性，理论的判断和选择并不由证据所决定，而是寄托于社会、心理或利益等非理性因素，从而对科学合理性提出了挑战。但是，哈金认为迪昂—奎因命题的凸显，是因为他们只看到了科学合理性在形式推理上的意义，而没有看到其在物质层面的意义。实验室科学是一个充斥着理论、仪器、现象数据及处理等各种因素相互博弈的复杂世界，并不是简单的理论修正过程。由此，科学能够得以实现合理性，但是

① Ian Hacking, *Scientific Reason*, Taipei：Taiwan University Press, 2009, p. 6.

这种合理性必须立足于意识和物质因素相互契合所达到的稳定性。而这个稳定性的达到，是一个生成性的实践过程，是各类行动者（物、理论、人）不断地磋商和再磋商过程。所以，科学合理性随着实验室科学的自我辩护，获得生成性的哲学特征，反过来，生成性保证了科学合理性在实验室科学中得以理解，也正是在这个意义上，迪昂—奎因命题得以在实践的意义上解决。

第二，科学实在论与科学合理性是科学哲学家致力探讨的两大传统议题，前者是关于实在、真理的研究，后者是关于推理、信念的问题。哈金就是在这两大传统争论上，提出新的研究进程：在科学实在论方面，提倡从表征转向干预，重视实验的作用，促使科学哲学研究从理论优位转向实践优位；在科学合理性方面，通过推理风格实现科学理性的历史建构，将历史引入科学哲学的研究范畴。但是哈金的实验实在论遭遇了诸多的质疑，如苏亚雷斯（Suarez）认为，哈金的实验实在论仍停留在形而上学的意义上，操作是实在性的充分条件。① 克罗斯（Peter Kroes）同样声称，哈金所谓的实验创造现象完全可以在传统框架下进行解释，即实验仅仅是为某些现象与效应的产生设定了初始条件，而对这些现象本身的本体论地位没有影响（现象在实验操作之前就已具备实在性）。② 基于此，哈金将科学实在论的问题诉诸科学合理性问题的解决。他将困扰科学的实在论争议、反实在论所抵制的对象以及实在论所断言存在的对象，视作科学思维风格的副产品。也就是说，每一种风格都会引入新型的科学研究对象，新创造的客体又会招致本体论的争议，如数学推理风格之中，柏拉图主义与反柏拉图主义关于数学对象的本体论争议。哈金并不关心"一般性"的实在论与反实在论，反而关心发生在科学之中的"实在论们"，其

① Mauricio Suárez, "Experimental Realism Reconsidered: How Inference to the Most Likely Cause Might Be Sound", in Hartmann, S., Hoefer, C., and Bovens, L. eds., *Nancy Cartwright's Philosophy of Science*, New York, London: Routledge, 2008, p. 140.

② Peter Kroes, "Science, Technology and Experiments: The Natural versus the Artificial", *PSA: Proceedings of the Biennial Meeting of the Philosophy of Science Association*, Vol. 1994, No. 2, 1994, p. 431.

中"实体实在论是最强的论证，但仍不是最终的、确凿的论证"①。
然而，尽管实际上哈金只是试图以悬搁的方式来解决该哲学问题，这
似乎更增强了反对者对自己立场的信心。

因此，哈金的划界思想呈现出一种生成论意义上的实践建构主义
倾向，但他与科学哲学实践转向视域下的其他科学哲学家，如拉图
尔，存在着哲学进路的差异。科学实践哲学强调在实验室中，科学实
体通过各行动者的实践碰撞产生各种效应，那么该实体在产生确切效
应之前是否具备实在性，或者说该实体在生成之前是否存在？拉图尔
认为该实体在实践建构之前并不存在，只有内含了利益角逐过程的实
体才能被称为"实在"。哈金则认为最终所呈现出的现象只临摹了实
体的一个侧面，存在着其他不同的侧面，表现为各种不同的实验现
象，但是这一实体是确切"实在"的。所以，拉图尔保持着强版本
的生成论向度，哈金坚持着弱版本的生成论向度，两个版本的差异也
导致了拉图尔早期拘泥于建构主义，而哈金走向自然实在。尽管如
此，科学实践哲学仍为我们刻画出了生成性的科学划界思想，通过梅
洛庞蒂所说的"自我—他人—物"的体系的重构，自然、社会以及行
动者自身都发生了互构性的转变②，从而展现出自然与社会、主体与
客体在本体论、认识论与方法论上相互交织，共同生成与演变的历史
进程。

小结　走向技性科学

当代科学哲学实践转向强调在本体论范畴上实现从知识到实践的
科学视域转变，重新回归"唯物论"。哈金作为该转向中的重要代表
之一，在其实验室研究、历史本体论到科学推理风格的发展脉络之
中，呈现出立足于唯物层面的生成性划界思想。首先，哈金真实地表
达了当代 S&TS 视域下划界工作之于实验室生活的强烈诉求，一方

---

① Ian Hacking, *Scientific Reason*, Taipei: Taiwan University Press, 2009, p. 148.
② ［美］卡林·诺尔－塞蒂纳：《实验室研究——科学论的文化进路》，载［美］希拉·贾撒诺夫等编《科学技术论手册》，盛晓明等译，北京理工大学出版社 2004 年版，第112页。

面，实验实在论通过从表征到干预的实践转向，实现了对科学实在性
的辩护；另一方面，科学实验室通过实验室中各要素的相互作用，实
现了科学的自我辩护，两者共同构成了科学区别于其他非科学的具体
内涵。在此意义上，只有在实验室内进行干预性操作并创造现象，这
一所"做"才能被称为实验室科学。其次，受福柯历史本体论思想
的影响，哈金从实验室研究转向历史本体论研究，通过福柯的知识、
权力和伦理三轴线实现了对划界过程中理性主体的建构。然后，哈金
将局限在人类理性中的历史应用于科学理性，衍生出推理风格思想，
这一推理风格作为真或假的可能性空间，为划界标准提供了科学史意
义上的具体内涵。在此意义上，科学只有在所在的推理风格（如实验
室风格）下，才有资格被判定为科学或非科学，否则没有讨论的
意义。

由此，实验与历史这两个维度相互区分与联系，共同构成了哈金
立足于唯物层面的科学划界理论，这种实验室的自我辩护从不同于传
统视域的本体论、认识论、合理性的哲学维度，展现出科学并不是淹
没在现象背后，按照既成的逻辑所展开的普遍世界，而是立足在生成
性的实践之中，在现象层面不断被创造的涌现过程。但是哈金的科学
划界思想最大的问题在于，他以实验室科学的自我辩护捍卫了科学在
认知上的可辩护性，却没有看到实验室外的社会之于科学活动的构成
性影响，或者说，完全忽视了科学活动在社会上的可接受性。正是因
为社会维度的缺失，使得其划界理论难以在捍卫自身独特性的同时排
除他者的介入，比如难以规避企业资助所带来的利益冲突、媒体舆论
对同行评议的影响等。由此，科学事业需要从实验室科学转向科学、
技术与社会一体化的技性科学，以此捍卫科学在认知上的独特性以及
在社会上的可接受性。不过，需要注意的是，库恩对于科学共同体集
体活动的刻画以及哈金对于实验室内部机制的描述，也构成了科学技
术在当代 S&TS 视域下区别于其他实践形式的具体内容。

第三章 技性科学视域中的划界

伴随着创业型科学的兴起，科学事业呈现为一种"大学—产业—政府三螺旋结构"①，大学、工业和政府紧密纠缠在一起，这些异质化的行动者共同推动知识的生产、应用与传播。其中，创业科学家和创业型大学正在通过将知识转化为知识产权来重塑学术格局，教师和研究生也正在学习评估其研究的商业潜力，由此，科学行动者及其机构以各种方式参与知识的资本化及其将知识转化为生产要素的过程，这一教学—研究—技术转让相结合的模式表明科学正在经历第二次"学术革命"②。在此意义上，科学知识的生产环境也从"模式1"转向了"模式2"，前者强调在认知语境中由特定共同体的学术兴趣所主导，其生产过程遵循内部特有的认知和社会的规范，并与外部的直接干预与伦理要求完全割裂开来；后者则在更开放的、跨学科的社会和经济情境中，召集更为广泛、更临时和异质化的从业者，这些行动者在具体的、本地化环境中不断地谈判、协商，因而科学技术与社会呈现出一种新的契约关系。③

但是传统科学哲学对于科学的解读仍将自己束缚在语言和逻辑分析之中，这一抽象的模式忽视了科学赖以生存与演化的生活世界，由此产生了一种伽利略式的数学化或康德式的"为自然立法"形象，

---

① Henry Etzkowitz, *MIT and the Rise of Entrepreneurial Science*, London and New York: Routledge, 2003.

② Henry Etzkowitz, "The Second Academic Revolution and the Rise of Entrepreneurial Science", *IEEE Technology and Society Magazine*, Vol. 20, No. 2, 2001, pp. 18 - 19.

③ [美] 罗伯特·吉本斯等：《知识生产的新模式：当代社会科学与研究的动力学》，陈洪捷、沈文钦等译，北京大学出版社2011年版。

以及文化意义上的"欧洲科学危机"①。解决这一危机的有效途径在于，恢复被传统科学哲学所颠倒的科学行动（实践）与哲学反思（理论）之间的逻辑关系，以"技性科学"的角度来重审科学哲学及其相关问题，这也正是当代科学划界"实践转向"的缘起。由此，当代 S&TS 研究呈现出一种言必称技性科学的趋势，这一最初被用以考察科学与技术之间关系的概念，经由应用性的社会导向而被引申至描述一种融科学、技术与社会为一体的科技研究的基本特征。具体来说，技性科学指代各种行动者（主体与客体、科学与技术、自然与社会、价值与事实）在情境性碰撞中共同构建的异质杂合体或网络，这些异质性的要素处于一张动态的"无缝之网"之中，彼此紧密地交缠在一起且无一占据中心位置。

第一节 从科学到技性科学：跨时代的断裂

鉴于当代学院科学的商业化趋势，模式 2 研究、后学院科学、后常规科学、创业型科学等新概念的涌现，表明科学研究正在发生着巨大的变化，即科学事业同不断壮大的技性科学体制之间形成了"一种彻底颠覆过去的跨时代的断裂"②。由此，"科学"这一概念也不可避免地发生了改变，现在的科学不再仅仅是朝向启蒙运动的进步理想，更是一种创新驱动的实践性生产，当代 S&TS 研究的目光也从"建构科学知识的实践"转向"知识创新或创业过程"，后者不仅关注于科学家在实验室内部的操作性活动，更关注于科学家是如何超越科学机构的围墙介入国家、市场以及大众生活，这也就是当代 S&TS 视域下的"技性科学"研究。

一 科学的技术化：从表征到干预

1945 年，美国科学发展局局长布什（Vannevar Bush）向政府提

---

① ［奥］埃德蒙德·胡塞尔：《欧洲科学危机和超验现象学》，张庆熊译，上海译文出版社 1988 年版。

② Alfred Nordmann, Hans Radder and Gregor Scheimann, *Science Transformed Debating Claims of an Epochal Break*, Pittsburgh：University of Pittsburgh Press, 2011, p. 27.

交了一份名为《科学——没有止境的前沿》的报告，这一报告为美国创建了一种科学、技术与社会之间的契约。① 这一契约要求政府为科学制定议程并提供资助，科学家进行自由的学术研究，然后产业界将学术成果转化为有用的产品来服务于社会。在这一线性的知识生产模式中，学院科学负责基础科学研究，并享有高度的学术自由与自律性，不受任何实践效用的控制，其产生的是普遍的知识和对自然及其规律的理解；产业界负责应用研究，其任务是通过解决普遍知识所提出的大量实用性问题并实现技术的发展；政府则只提供经济和政策支持，无权对科学知识生产过程提出任何的质询。在此意义上，科学、技术与社会三者之间保持着显著的本质性界限，并以单向的线性扩散模式来进行知识的生产与传播。

但是第二次世界大战后，伴随着冷战的多方面开展，科学进入了"大科学阶段"，这一阶段的研究特点主要表现为大规模的组织、大量基金的投入、昂贵且复杂的技术系统以及宏大的研究目标，由此呈现出一种科学—军事—国家的联合体。在这长达几十年的时间中，国家与军事所扶持的科学基于大规模的资源投入，创建、运行和维护各种大型研究开发活动，进而为诸多学科领域开展创新研究提供充足的技术支持。在这一背景之下，传统的科学、技术与社会之间的契约越来越受到挑战，政府的利益取向不可避免地介入且影响科学研究，实验室科学更是难以脱离技术操作的支持，特别地，关于核能源和环境保护等问题的公共辩论，不可避免地将科学家卷入政治的漩涡。由此，格林伯格（Daniel S. Greenberg）指出了以国家与军事为基础的大科学发展的困境，即如何保持科学在认知上的自主性，但同时又使它服务于国家与公众的利益。② 在此意义上，实验室研究的任务不再是纯粹的追求真理，而是实现实验的稳定成功、制造出预期的科技产品、满足军事以及国家的利益需要等，由此，科学与技术之间保持着相互依赖、相互支撑、相互界定的密切关系，共同内化在技性科学的

---

① ［美］V. 布什等：《科学——没有止境的前沿：关于战后科学研究计划提交给总统的报告》，范岱年、解道华等译，商务印书馆 2004 年版。

② Daniel S. Greenberg, *The Politics of Pure Science*, New York: New American Library, 1967.

具体实践之中。

在这一语境之下，技性科学思想最早可以追溯到巴什拉（Gaston Bachelard），他在法语中以"la science technique"一词来指称一种技术化的科学，这一技术化的科学不再指称关于世界的旁观者式沉思，而是一种干预现实的参与者式操作，其目的不在于获得超然于操作的本质，而在于科学技术改造现实的操作的成功性。在此意义上，巴什拉又具体提出了"现象技术"（Phenomenotechnique）的概念，这一概念并不旨在将技术设想为科学活动的最终副产品，也不是科学在社会中表现自身的衍生产品，而是作为当代科学方法运作本身的构成性部分，强调科学事实依赖于仪器而存在。也就是说，只要这种技术行为模式处于科学事业的核心，技术对象本身就具有认识功能，由此现象技术通过仪器彻底改造新现象。①

之后，奥托瓦（GilbertHottois）在 20 世纪 70 年代末创造了"技性科学"（technoscience）一词，用以描述一种"知识—力量—实践"的复杂综合体，一方面强调技术应用是科学研究的驱动力，另一方面强调技术是嵌入在科学之中的，因而理论研究与实践研究、基础研究与应用研究之间的边界日益模糊。② 在此基础上，奥托瓦以技性科学的"虚无主义"特征，摆脱了传统的本质主义、工具主义和人类中心主义的理解方式。对于科学与技术之间关系的传统评估，主张维持一种纯粹的工具主义和人类中心主义的思想，并因此导致理论上的科学和应用上的技术之间的显著区别，前者是为人类服务的知识体系，后者则是工具的合集。但是不同于传统的思想理论模式与技术政治模式，奥托瓦强调一种"恰当的技性科学模式"，这一模式将理论与技术紧密联系在一起，"在每一个领域，科学研究的本质都是技性科学的：即每一领域的进步条件都是对研究对象的实验和操作"③。

---

① Hans-Jörg Rheinberger, "Gaston Bachelard and the Notion of 'Phenomenotechnique'", *Perspectives on Science*, Vol. 13, No. 3, 2005, pp. 313 – 328.

② Gilbert Hottois, "La Technoscience: De L'Origine Du Mot A' Ses Usages Actuels", *Recherche en Soins Infirmiers*, Vol. 86, No. 3, 2006, pp. 24 – 32.

③ Gilbert Hottois, *Technoscience: Nihilistic Power versus a New Ethical Consciousness*, Technology and Responsibility, Dordrecht: D. Reidel Publishing Company, 1987, p. 70.

因此，技性科学的技术化维度最大的特征在于，技性科学并不从外在于科学的自然、社会和文化中寻求意义，它只涉及"各种存在（物质、能力、生命体以及思想）的可塑性、反应性以及可操作性"①。也就是说，技性科学并不预设任何前提，它执行操作并创造自己操作的结果，同时又将其作为新操作的跳板。在此意义上，基于实验自己的生命力，自然对科学而言具有根本的可操作性，这种科学和技术的可操作性使得科学与技术之间相互关联，进而使技性科学的概念合法化。也就是说，实验工作为科学提供了最强有力的证明，并不是因为证实或证伪了相关的假说，而是因为行动者在实验室中操作那些不可观察的实体以产生新的现象。由此，表征自然旨在真实地描述世界，干预自然旨在操纵事物并塑造现象，前者被束缚在科学的逻辑解释层面，因而在本质上是徒劳的，只有在实验中，使用以理论实体为依据制造出来的仪器设备，操纵、改变各种情况或产生新的现象，技性科学才具备本体论意义上的有效性。

可见，技性科学建立在当下"所做"的基础之上，以多种方式与思辨、计算、模型、发明与仪器等发生互动，并通过操作理论实体等对象产生各种可观察的效应，这一可操作的、可干预的过程构成了技术世界，其存在和功能仅限于技术世界中的功能性和可操作性。比如电子这一不可观察的理论实体，如果科学行动者能够系统地发射电子来增加或改变电荷，那么电子就不再是假设的、推论的以及理论的，而是可操作的、实在的，而正是这一创造现象的干预性赋予了电子以自然有效性。因此，传统的科学事业的关注焦点在于理论能否反映某种外在的根基，从而纠缠理论与实在之间的关系而无法自拔，技性科学研究则将考察的视角从表征转向了干预，于是，实验的可操作性介入了技性科学世界的核心，这也正是哈金的干预主义划界的理论诉求。

在技性科学时代，将科学与技术相分离的"纯化"工作并不具有可行性，也不具备必要性，我们不可能在概念上确定行动者的干预在

---

① Gilbert Hottois, *Technoscience*: *Nihilistic Power versus a New Ethical Consciousness*, *Technology and Responsibility*, Dordrecht: D. Reidel Publishing Company, 1987, p. 70.

何处结束，而纯粹的自然的过程又在何处开始。由此，技性科学研究消解了科学与技术之间的传统界限，并将人类与机器、有机物与无机物结合起来形成一个杂合体，这是各种异质性的行动者凭借概念和物质上的资源所建构的新实体。但是问题在于，尽管技性科学一直强调科学与技术两者以共存与互构的方式内化在实践之中，但是它们之于干预性或可操作性的过度强调，的确会令人产生一种技术优于科学或科学以技术为中心的导向的错觉。正如针对这种"跨时代的断裂"，福尔曼（Paul Forman）表达了一种对死于技性科学之手的传统科学的悼念，技性科学在一定意义上确实表现出了关于科学价值的逆转。这一颠倒发生在 20 世纪 80 年代并受到了社会科学研究的广泛鼓励，其后现代的特征就在于技术高于科学。由此，技性科学不仅指称实际的科学，技术、商业和工业利益也内化在新的科学实践认知价值之中，在此意义上，科学更多地被视作一种应用技术，科学对现象的理论和物质上的控制也依赖于技术以及技术的思维，[①] 其实质是彻底消解纯粹的理论科学研究的意义和存在价值。

二　科学技术的社会化：从扩散到转译

伴随着学院科学的商业化，科学的目标、实践和社会组织发生了变化，科学行动者及其学术机构开始主动介入权力、利益和伦理的网络之中，在实践价值或社会效用的导向下不断扩展知识产权以及不断私有化公共基金研究，这不仅包括工商业组织委托和资助的合同制研究，而且还涉及大学校园内日益增长的创业精神，前者表现为依赖于公共资助的学院科学，通过承担由私营部门企业资助的科研项目来维持生计，后者则表现为企业科学家与创业型大学主动投身于风险资本的创造之中。齐曼（John Ziman）以"后学院科学"来描述这一学院研究模式和产业研究模式相互交融的后工业杂交模式，这种学术—产业综合体具体呈现出"所有者的（Proprietary）、局部的（Local）、权

① Paul Forman, "The Primacy of Science in Modernity, of Technology in Postmodernity, and of Ideology in the History of Technology", *History & Technology*, Vol. 23, No. 1, 2007, pp. 1 - 152.

威的（Authoritarian）、定向的（Commissioned）、专门的（Expert）"五项特征，即以保密性取代公开性、以局部的技术取代普遍的知识、以权威管理取代自由学术、以实用旨趣取代真理诉求、以聘用专家取代自我调查。①

因此，科学技术与社会之间维系着一种开放且模糊的边界，技性科学的实践不再局限于实验室内科学家的辩护活动，而是一个更为广阔的开放性网络的建构过程，其中涵盖了科学事实及其技术人工物产生所经历的一切转译以及维系科学有效性所需要的一切自然和社会力量在内。比如拉图尔描述了一位实验室主管科学家的日常工作，以此来展现技性科学的社会性特征。这位实验室的负责人大部分的时间都是实验室外：他要与同行进行学术讨论，与大型制药企业负责人讨论某些药品的生产与临床试验，与卫生部长商讨新实验室的成立，批判记者不负责任的报道，说服某医院医生进行相关药物的临床试验以及购买仪器设备和实验材料等。可见，政府、产业界、媒体以及公众等异质性行动者构成性地影响着技性科学，如果没有同行的支持，该科学家的观点就无法得到认可；如果没有政府和产业界的资助，实验就难以进行；如果没有相关的临床数据，实验及其论文就难以完成等。由此，技性科学将整个社会中与科学实践相关的行动者招募到网络之中，并进行有效的交流与沟通，以此使得新的行动和交互成为可能。②

同时，技性科学对于科学技术与社会之间边界的消解，还体现在科学技术到社会的转播模式的转变，即从技术扩散模型转化为技术转译模式。在传统的技术扩散模型中，科学事实和技术人工物（事实和机器）的扩散是一个"惯性力"作用的过程，这一惯性力以内在的本质性力量决定人类的主观行为，进而在社会中自由地滑行，如"狄塞耳的发动机是以自己的力量让消费者欣然接受的，它不可抗拒地迫

---

① ［英］约翰·齐曼：《真科学》，曾国屏、匡辉、张成岗等译，上海科技教育出版社2002年版，第95页。

② ［法］布鲁诺·拉图尔：《科学在行动——怎样在社会中跟随科学家和工程师》，刘文旋、郑开译，东方出版社2006年版，第257—260页。

使自己进入卡车和潜艇"①。由此，科学行动者通过划定边界版图或空间来不断树立对任何有争议问题的绝对权威，并将科学、理性与自然捆绑在一起。这实际上是科学决定论的一种表现形式，即预设了科学的超验性与社会的建构性，但是它虽然能够展示人们所经历的、形塑其生活方式的技术需求过程，但它不能为科学和技术变迁提供一个可靠的理论基础，毕竟知识与技术物并不是一成不变的、以待复制的完成品，而是在与社会的交互中不断地改变自身。

但是这种扩散模式的理论问题在于，一是坚守着不对称性的划界原则，以自然因素来解释正确/真实/合理性，以社会因素来解释错误/虚假/不合理性，也就是说，只有当"逻辑、合理性以及真理"无法对自己进行说明的时候，才会援引社会学或心理学因素来解释"错误、局限性以及偏差"②。二是技术扩散模式的实质就是科学的官僚统治模式，这一模式将科学因素与社会因素完全分离开来，并完全委托给独立科学家。但是科学社会学的研究表明，科学家并不会完全保持价值中立来向权力机构提供真理性的借鉴意见。在当代的技性科学实践中，阿哈米斯（科学研究计划）、政府部门、技术部分、消费者之间是交缠在一起的，③ 决策者、资助者甚至包括受到足够教育的普通公众都在科学传播过程中扮演着非常重要的角色，技性科学的发展趋势就是不断扩大科学传播的参与基础以及成员构成的多元化。由此，技性科学的传播表现为一种科学技术与社会的转译过程，即行动者在招募他者时，必须创造出原先并不存在的利益关系，并以此结成作为利益共同体的盟友。

在这一转译模型中，科学知识与技术物的制造是社会网图和技术网图两种同盟系统中各种要素相互混合的过程，包括了物质性的实体和现象、社会性的机构和制度以及主观性的思想和理论。在此意义上，第一，技术物处于两个同盟系统联结在一起的中间地带，成为聚

① ［法］布鲁诺·拉图尔、［英］史蒂夫·伍尔加：《实验室生活：科学事实的建构过程》，张伯霖、习小英译，东方出版社 2004 年版，第 224 页。

② ［英］大卫·布鲁尔：《知识和社会意象》，艾彦译，东方出版社 2001 年版，第 10 页。

③ Bruno Latour, *Aramis, or The Love of Technology*, trans. Porter C., Cambridge, MA: Harvard University Press, 1996.

集着技术、政治、经济和文化因素的开放性网络体系；第二，它在传播过程中"不断改变自身的构成和它正在说服的人"①，社会网图的局限及其克服必然伴随着相应的技术网图的变更；第三，技术物一旦完成它就成了黑箱，其内化各种行动纲领的、复杂的制造过程被掩盖，只有当行动纲领在不同行动者之间确立的联盟破裂时，该黑箱所掩盖的铭写过程才能得以展现，而这一彰显就是描述性地追溯地方性的互动过程。由此，任何技术产品的生产与传播，都是科学、技术与社会一体化的产物，也正是在此意义上，科学、技术与社会之间的界限被消解，三者共同构成性地内化在人类因素与非人类因素的行动性交流过程之中。

三 技性科学的哲学审视

20世纪90年代以来，技性科学研究"开始关注科学实践，由此引入'唯物论'的进路，它强调人类活动如何与具有能动性的非人类实体交织在一起，主张人类和非人类彼此相互界定"②。在这一复杂的人类与非人类的网络之中，行动者、自然与社会共同介入，技性科学成为梅洛－庞蒂所言的自然、仪器与人相互改造的"现象场"③，科学知识生产、社会网图和技术网图之间的共构性塑造了一个实践空间，进而使技性科学从技术决定论与社会建构论图景之间的紧张状态中脱离出来。在此基础上，技性科学研究在本体论、认识论与方法论三个层面显示出不同于传统科学的哲学取向。

（一）本体论的漠视：反纯化特征

基于现代性的分裂，尽管现代社会充斥着各种杂合和转译活动，但是科学却以纯化的形式呈现出来，也就是说，从自然和社会两级或

① ［法］布鲁诺·拉图尔：《科学在行动——怎样在社会中跟随科学家和工程师》，刘文旋、郑开译，东方出版社2006年版，第235页。
② 蔡仲：《科学技术研究中的"实践唯物论"——〈当代理论的实践转向〉评述》，《科学与社会》2013年第1期。
③ ［美］卡林·诺尔－塞蒂纳：《实验室研究——科学论的文化进路》，载［美］希拉·贾撒诺夫等编《科学技术论手册》，盛晓明等译，北京理工大学出版社2004年版，第112页。

客体和主体两级出发，将业已存在的杂合状态区分开来，并将之划归为纯粹的科学和纯粹的技术。作为纯化工作的科学事业必须密切关注哪些是自然的，哪些是社会的，什么是取决于科学表征的，什么是取决于真理探求的。基于此，伽里森（Peter Galison）使用了"本体论漠视"（ontological indifference）来描述技性科学研究，只要科学坚持其纯化的工作任务，那么科学哲学就会采取一种本体论的漠视①。也就是说，技性科学不以本体论为前提，只涉及"各种存在（物质、能力、生命体以及思想）的可塑性、反应性以及可操作性"②。技性科学并不预设任何本体论的先决条件，它只是在行动中不断操作并创造各种现实。正是这种前提条件的缺失，技性科学从根本上阻碍了任何柏拉图式哲学的进步。由此，构成技术世界的并不是本质或现实，而是可操作的、可干预的实践，前者的意义在本体论上由"存在者"所提供，后者的存在和功能仅限于技术世界中的功能性和可操作性。技性科学研究通过设计或工程模式来维系运作，而一个好技性科学的标志就是操作能力的获得与展示，并在此基础上建立足以广泛应用的技术系统，其中应用成就和普适系统的实现并不需要我们有效地分清哪些属于自然，哪些属于人类技艺。③

（二）反人类中心：虚无主义特征

在奥托瓦看来，技性科学是反人类学、反伦理和反道德的，这对传统的工具主义与人类中心主义的理解方式提出了挑战。传统观点认为科学技术是为人类服务的工具的集合，人类是一切意义和价值的根源，是采取不同科学形式与技术措施的判断基础。但是问题在于，如果人类因素是权衡技性科学的标准，那么作为参考中心的人类本身就不会受到其所要判断之物的影响，但是现实的技性科学实践表明，人类或人性是在不断重构之中，包括概念、语言、情感以及个性等方面

① Peter Galison, *The Pyramid and the Ring*, Berlin: Presentation at the conference of the Gesellschaft für analytische Philosophie (GAP), 2006.

② Gilbert Hottois, *Technoscience: Nihilistic Power versus a New Ethical Consciousness*, Technology and Responsibility, Dordrecht: D. Reidel Publishing Company, 1987, p. 73.

③ Alfred Nordmann, Hans Radder and Gregor Scheimann, *Science Transformed Debating Claims of an Epochal Break*, Pittsburgh: University of Pittsburgh Press, 2011, p. 26.

都处于不断变更之中。由此，技性科学不仅扩展了实践操作能力对于人类的重要性，同时获得了消解人类本质存在的能力。在此意义上，原初的权衡对象（技性科学）也在改变权衡标准（人类），那么人类就丧失了作为判断基础的权威性地位，而这正是在宣告人类中心论的终结。也正是在此基础上，技性科学是反伦理或反道德的，在一种不再以存在或意义为先决条件的情况下，除了可能性的力量之外并不存在任何支配一切的价值，继而表达一种非道德的规范性，即竭尽全力做能做的一切的自由。① 基于此，以奥托瓦为代表的技性科学研究通过虚无主义的特征，具备了摧毁任何本体论、人类学和伦理学的倾向。

（三）元叙事的消逝：后现代特征

伴随着技性科学的发展，普遍理性逐渐演化为用科技征服世界的工具理性，这种禁锢的理性导致了现代性危机。"现代"是指所有依赖元话语（哲学话语）来确证自身合法性的科学，而那些元话语又明确援引某种宏大的叙事，即用一个包含历史哲学的元叙事来使知识合法化。② "后现代"就是对这种元叙事的不信任，由于语言游戏的种类差异性（元素的互质性），合法化的元叙述机制衰落，思辨哲学及其附属开始产生了危机。而后工业社会的大叙事合法化的丧失，使得科学知识的合法性的证实遭遇了困境：没有一种能够为话语提供合法性基础的"元叙述"，即没有能够不依赖其他叙事而证明自身合法性的存在。在此基础上，借鉴于哈贝马斯（Jürgen Habermas）的交往理性概念，③ 技性科学试图克服以主体为中心的理性，也就是说，用实践理性的维度来取代先验理性的维度，进而塑造出一种强调人类因素与非人类因素交往行为的理性。由此，交往理性打开了人类与他者的世界，成为一种意识与物质发生关系的现实生活中的理性，但这种理性并不提供普遍的话语及其规则，其实质在于强调实践与交往。基

---

① Gilbert Hottois, *Technoscience*: *Nihilistic Power versus a New Ethical Consciousness*, *Technology and Responsibility*, Dordrecht: D. Reidel Publishing Company, 1987.

② ［法］让-弗朗索瓦·利奥塔:《后现代状态》，车槿山译，南京出版社 2011 年版，第 4 页。

③ ［德］尤尔根·哈贝马斯:《现代性的哲学话语》，曹卫东译，译林出版社 2011 年版。

于此，技性科学不再寻求一般性的宏大叙事，这一叙事涉及一种能够规避一切影响科学活动的历史因素的机制，而是立足于现实的表征与干预、自然与社会、主体与客体相互交往的实践理性，在历史所造成的机遇之中，与情境、自然与逻辑上的各种异质性要素结合在一起，共同编织出科学发展的历史。

可见，科学向技性科学的转向，一方面模糊了科学与技术之间的界限，以此强调科学事实及其技术人工物的建构性特征，科学是靠实验技术来判定其合理性的，无论是理论还是事实都依赖于一定的实验仪器和实验操作。这种技性科学在科学研究中不断地干预并改造着物质世界，进而以一种人与世界之间的行动者交流方式来捍卫科学在认知上的可辩护性。另一方面模糊了科学技术与社会之间的界限，以此解构了超然性的自然与社会概念，进而以一种不同要素之间联结机制的过程性概念来界定科学。"科学和技术仅仅是技性科学中的一个子集"，子集之外是广阔的社会运作机制，① 由此，技性科学的行动者网络涵盖了专家和诸多外行之间的谈判与协商，以此确保技性科学最大限度地实现科学在社会上的可接受性。

总而言之，基于从科学到技性科学的"跨时代断裂"，技性科学通过援引高度技术性的权威专业文献、建构高级实验室等构造更大更强的网络，这不仅需要协调人与人之间的利益及其关系，而且需要调和人与非人因素之间的联结关系，以此将自己的专业领域打造成一个旁人无法轻易质疑其权威性的黑箱。由此，科学划界的对象变成了"可接受的技性科学"与"不可接受的技性科学"。但是技性科学研究的一大问题在于，无法将宏观和微观分析的视角有效地结合在一起：一方面，宏观分析将技性科学与更广泛的社会文化、政治利益结合在一起，但是这一宏观进路在描述日常科学活动方面不够细致，难以把握真实的科学实践过程，同时这种技性科学研究容易陷入一种纯粹的工具主义倾向，其旨趣只在于"使用"，进而完全忽视了科学在认知上的可辩护性；另一方面，以实验室研究为代表的微观分析进路

---

① ［法］布鲁诺·拉图尔：《科学在行动——怎样在社会中跟随科学家和工程师》，刘文旋、郑开译，东方出版社 2006 年版，第 289 页。

更加注重科学实践活动的经验描述，以此打开科学技术制造的黑箱，这一细致的实证研究削弱了科学行动者之于建构论的强烈反感，但是微观进路在很大程度上抛弃了一切基础性的、因果性的解释，这种纯粹的描述主义进路使得技性科学的运作机制沦为一个纯粹现象层面的认知域。由此，技性科学与非技性科学之间的划界必须同时立足于宏观结构与微观互动两种维度，这样才能获得规范性与描述性的双重力量，维持实际认知图景与规范性思考之间的有效互动。

第二节　微观追踪：描述性划界

伴随着知识市场的扩张以及科技创新创业趋势，融科学、技术与社会为一体的技性科学研究颠覆了传统科学哲学的认识论框架，科学行动者（包括各种人类与非人类力量在内）不再以沉思式的视角表征自然实在，而是以参与者的身份介入实验室内外的各种磋商、征募、联盟等干预并改造世界的现实活动。基于此，科学知识、社会秩序与自然秩序之间保持着动态的"共构"（co-production）[1]，这种共构及其网络的建构保证了技性科学在认知上的可辩护性与社会的普遍接受性，因而科学得以走出实验室或最初被制造的语境，并且不断扩展着它最初所依赖的地方性情境。这也正是拉图尔之于哈金停留于实验室内部的划界模式的扩展，即通过微观追踪技性科学的网络建构，以及科学事实/人工技术物与参与者的转译过程，拉图尔得以建构出一个描述主义维度的技性科学划界模式。

一　追随行动：自然与社会的本体论划界

伴随着科学的社会化趋势，社会建构论彻底摒弃了传统认识论针对真理与谬误的双重标准，企图以同样的社会原因来解释真理与谬误，比如布鲁尔提出了"知识社会学到强纲领"的四个原则。一方面，公正性原则要求"应当对真理和谬误、合理性或者不合理性、成功或失败，

---

[1]　Sheila Jasanoff, *States of Knowledge*：*The Co-Production of Science and the Social Order*, London and New York：Routledge, 2004, p. 3.

保持客观公正的态度"；另一方面，对称性原则要求"同一些原因类型
应当既可以说明真实的信念，也可以说明虚假的信念"，而所谓的客观
公正的解释就是权力、利益与文化等社会运作机制，以此将"知识与
'文化'等同起来，而不是使之与'经验等同起来'"①。在此意义上，
真理与谬误之间的划界标准并不在于自然或理性，而在于社会。这意
味着社会学家无须按照传统科学哲学的不对称性分工，从事边缘性的
"异常"解释工作，而是以一种自然主义方法论的形式"合法"地探
究科学知识，即采取一种中立性的立场，对科学进行经验性的现实考
察，这种经验考察就是社会学的案例研究方法。

　　基于此，社会的超然性抹去了科学辩护语境的独特意义，科学在
解读自然上的权威性地位也沦为了科学共同体活动的集体性产物。因
此，社会建构论实际上把所有的认识论因素排除在科学之外，取消了
知识的认识论地位，确立了一种因果性的社会决定论模式，从而彻底
抹除科学与非科学文化之间的二元分割，这也是"大科学"体制下
早期科学知识社会学（Sociology of Scientific Knowledge，简称 SSK）的
共同目标。但是根据拉图尔的"广义对称性"原则，SSK 的第一对称
性原则实际上仍没有摆脱以纯化（主观与客观的分裂）掩盖转译
（主观与客观的杂合）的现代性问题，其实质仍是以社会的本质性力
量来解释复杂的科学现象，并不断在其中进行主观与客观之间的划
分。但是，科学（真理）与非科学（错误）既不能由自然解释，又
不能由社会解释，两者本身都是被解释的，真正的"解释始于杂合体
（hybrid）"，这种杂合体作为自然与社会的杂合体，表达了一种处于
主体与客体之间的"中间王国"②。换句话说，"自然就是社会，而社
会也是'自然'"③，我们无法在社会之外理解自然，也无法在自然之
外理解社会，两者相互交缠并共同内化在"杂合体"之中，伴随着
整个实践过程而不断生成。

---

　　①　［英］大卫·布鲁尔：《知识和社会意象》，艾彦译，东方出版社 2001 年版，第 8—
21 页。

　　②　［法］布鲁诺·拉图尔：《我们从未现代过：对称性人类学论集》，刘鹏、安涅斯
译，苏州大学出版社 2010 年版，第 104 页。

　　③　［德］乌尔里希·贝克：《风险社会》，何博闻译，译林出版社 2004 年版，第 99 页。

这种杂合体也就是拟客体（quasi-objects），它们"横跨于裂缝之上的哲学"，作为不断扩展的中间王国，抛弃了纯意识和纯物质两级，试图"填平目前正在不断扩大的深渊，因为它觉得无法将之纳入自己的体系之中，进而在两者的中间状态上展开自己"①。在此意义上，这些行动中的杂合体作为自然和社会的内嵌者，保持着一种人类和非人类因素之间的交流互动，两者相互交杂且不断改变彼此的属性及其行动方式。一方面，它们具备社会性和人类集体商榷的特征，但又不是完全的社会产物；另一方面，它们又具备自然实在性和相对客观性的特征，但又不是纯粹的自然产物，这两方面通过一系列关键的转译，相互内折到对方的行动之中。例如，一份土壤样品、一只在实验室中繁殖的老鼠或一条 DNA 链条，如果排除了物质之于意识的能动性以及人类之于自然的干预作用，那么该杂合体也不复存在。也正是在这基础上，拉图尔通过兼顾自然网络与社会网络的建构来满足技性科学视域下划界之于自然与社会的双重需求，而且这一过程并不是传统意义上以人类或非人类因素为中心的决定论模式，而是一种强调干预、操作等互动关系的去中心论模式，也就是说，拉图尔的杂合体或拟客体并不意味着这一中间王国的实存性，而是以此来强调人类与非人类之间彼此作为中介的行动本身。

基于此，拉图尔的广义对称性原则要求一种本体论意义上的关注，即从新康德主义视角所关注的人类社会转向物的世界。也就是说，拉图尔注意到认识论和本体论二分的传统进路无法彻底解决划界问题，进而主张将认识论问题本体论化，通过赋予物质世界一种实存性来为作为实践的科学提供本体论基础。但是，抛弃认识论与本体论的二分，并不意味着取消集体中的人类因素或非人类因素的特征，也不意味着之于人类和非人类因素的无差别对称。拉图尔强调的是"行动"本身，他关注于行动的操作性定义，反对各种实质性定义，只有当行动者给他者造成影响时，它才真正地成为行动者；同时，在行动过程中，行动者不断地将更多的因素聚集在自己的周围，以此才能结

---

① ［法］布鲁诺·拉图尔：《我们从未现代过：对称性人类学论集》，刘鹏、安涅斯译，苏州大学出版社 2010 年版，第 56—58 页。

成更为强大的行动者同盟。

由此，拉图尔的"对称性"意味着不要先验地在人类的意向行动和物质世界的因果关系之间强加一些虚假的不对称，[①] 而不是指在人类与非人类要素之间建立一种强制性的虚假对称。在此意义上，拉图尔将从认识论范畴的理论知识转变为本体论范畴的行为方式，以此实现科学到技性科学的跨时代转向。由此，科学划界也从传统的认识论和社会学划界，转化为一种强调"追踪异质性行动者联结"的本体论划界，也就是说，技性科学的界定要求打开"纯化"的"黑箱"，立足于"转译/杂合"之中，真实地追随人类与非人类等异质性行动者之间的行动性交流，其内涵必须同时满足自然的可辩护性以及社会的可接受性，两者缺一不可且保持着动态的联结与互构关系，由此，"自然与社会的本体混合状态"[②] 将自身与非技性科学在行动中区分开来。

二　网络联结：转译链条的连续性

鉴于从科学到技性科学的转向，拉图尔开始以行动者网络中转译链条的实存性与完整性，谈论技性科学实践下科学有效性的边界扩展。首先，拉图尔的行动者网络具体体现为一种现实的转译链（chain of translation）[③]，这一转译链不是一种封闭的、单向传输的、已经稳定化的既成网络，而是一种开放的、转译的并处于制造过程之中的流动网络。网络所发生的不是扩散而是转译，前者承认一种核心力量的存在，这一力量沿着核心的力作用线进行单向的传播，后者则强调行动者为建构某一事实，必须通过磋商、征募与动员等手段（一系列的转译活动），让其他的行动者意识到必须建立一个联盟才能建构出科学事实，以此将其他行动者招募到自己的群体之中，这一转译

　① Bruno Latour, *Reassembling the Social: An Introduction to Actor-network-theory*, Oxford: Oxford University Press, 2005, p. 76.

　② ［法］迈克尔·卡伦·布鲁诺·拉图尔：《不要借巴斯之水泼掉婴儿：答复柯林斯与耶尔莱》，载［美］安德鲁·皮克林编《作为实践和文化的科学》，柯文、伊梅译，中国人民大学出版社 2006 年版，第 356 页。

　③ Bruno Latour, *Pandora's Hope: Essays on the Reality of Science Studies*, Cambridge: Harvard University Press, 1999, p. 27.

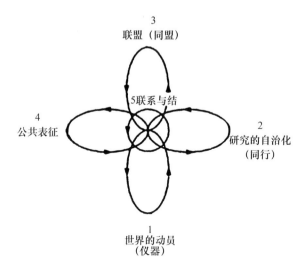

图 1 科学实践模型

资料来源：Bruno Latour, *Pandora's Hope*：*Essays on the Reality of Science Studies*, Cambridge：Harvard University Press, 1999, p. 100.

机制具有极大的不可预期性与偶然性。

其次，正如图 1 所描述的，转译链将世界的动员（实验、仪器）、研究的自治化（同行、学科）、联盟的建立（国家、军队、企业）、公共表征（公众、媒体）、联系与结（概念、理论）的流动指称联系在一起，这一转译链条体系的连续性保障了技性科学的有效性，如果这一链条在某处发生断裂，那么这一技性科学就丧失了有效性地位。也就是说，一方面，各种人类与非人类行动者之间的转译、交换、征募、置换过程，以集体扩展的形式构成一种相对稳定的、永远处于流动之中的网络体系；另一方面，流动的连续性和稳定性成为科学事实区别于其他文化实践的本体论基础，一旦这一链条在某处发生断裂，科学的有效性就会遭到质疑。

基于技性科学的网络建构工作，拉图尔提出了一种更为精致的科学实践模型来探讨科学事实的流动体系。①

———————

① Bruno Latour, *Pandora's Hope*：*Essays on the Reality of Science Studies*, Cambridge：Harvard University Press, 1999, pp. 98 – 108.

第一，世界的动员涉及如何将世界或非人类因素载入到话语之中，社会建构论认为这一物质性要素围绕着主体行动，而拉图尔则强调科学家使得客体围绕着他们行动。由此，物质性客体被赋予了行动的能力，驱使其主动被征募到科学实践之中，例如，通过科学考察将土壤样本带回实验室，这一样本保持着土壤的所有物质性并主动地介入科学事实的建构过程之中。

第二，同行的创造涉及科学共同体内部的同行评议，基于实验室的自我辩护，科学家可以提出论证并发表论文，但是它必须获得同行评议专家的认可。更重要的是，这一过程并不是被动的评价，而是一种主动的征募和动员，也就是说，主动创造一种由小的同行评议专家所组成的自治，以此获得专家的权威性地位。同时，在创造同行的过程中，新客体征募和动员新的共同体，他们掌握建构新客体的技术、能力和知识并由此实现自治化，正是这一主客体的交互过程，为科学在认识论上的特殊性地位提供了合理性的辩护。

第三，联盟的建立涉及通过转译使得其他团体对某一争论产生兴趣，从而参与到这些研究中去，例如军队可能对物理学感兴趣，产业界可能对化工业感兴趣等。尽管科学机构及其建立的同行评议仍处于科学活动的中心位置，但是科学实践的社会学研究表明，科学家不仅与其他科学家一起工作，而且与实验室技术人员、人类受试者、政府和企业的资助者等诸多行动者一起工作，因而技性科学的发展需要将这些人征募过来结成联盟。

第四，公共的表征涉及如何处理与公众的关系，包括记者、批判者以及普通受众。一方面，科学专家采取反身性态度，通过大众传媒等方式，将自身的立场和知识投射到社会的接受方，从而使之支持其科学研究；另一方面，受到足够教育的公众开始利用技性科学与科学家进行较量或磋商，要求通过推动非专业人员参与科学活动来提升科学的有效性和合法性，以此保障所建构的科学及其政策能更准确地反映已经表达的或推测中的公众需求。

第五，联系与结是技性科学实践的核心——概念和内容，它们仿佛是"一张网中间系得死死的结"，这个结将其他的异质性资源聚集在一起，但是概念和内容的力量并不来自自身的理性，而是来自围绕在它们周围的、彼此联结的、促进其流通的流动网络。如果它们与其他四种实践方式的关系被切断，那么它们就失去了力量；反之，如果缺失联系与结，科学有效性也将不复存在。可见，物质、社会与话语等要素及其互动过程，对最终所呈现的科学理论及其产品产生构成性的影响，也就是说，对科学的界定必须蕴含着流动指称及其各异质性要素（特别是物质性要素）的冲撞过程，成功的科学家必须通过磋商将所有的网络连接成为一个整体，这一整体性的联盟保证了科学的实现。

例如，巴斯德在炭疽病上的成功，依赖于巴斯德本人、炭疽杆菌、动物、农场、卫生专家与法国社会等要素之间不断磋商所形成的复杂网络的建构，这一流动体系的完整性构成炭疽病疫苗得以有效的哲学基础。具体来说，首先，基于实验室科学中之于细菌的建构，巴斯德试图控制这些细菌，开发出将细菌从自然环境中隔离出来的实验室技术，以此研究细菌的行为，即一旦得到细菌的合作，那么他就可以在实验室之外的世界控制它们。其次，想要预测实验室之外的事物，就必须对实验室本身的条件进行扩展。例如在某一农场里，巴斯德为农场里的羊群接种了疫苗，这是巴斯德疫苗进行的公开性实验，在这一实验过程中，巴斯德必须首先说服农场主提供与实验室一样的条件；必须对已接种和未接种的动物进行标记并将其分开；每日测量和记录动物的体温；必须建立动物对照组；等等。

从实验室移入农场，一方面不能改变太多，否则公众无法将这一试验视为实验在真实世界中的应用；另一方面也不能改变太少，不然巴斯德就无法检测到疫苗在社会中的效果。最后，在有关细菌的研究中，该研究的拥护者通过隐含的合作使巴斯德的发现在社会上得到确认，疾病从按照地方实践来处理的个体遭遇转变为服从于科学管制的社会问题，而这一转变依赖于各种各样的参与者，包括收集并评估公共健康数据的流行病专家、推广巴斯德理念的公众卫生运动等。[1] 由此，细菌知识通过足够强大的转译链条的建构，从地方性情境走向了

---

① Bruno Latour, *The Pasteurization of France*, Cambridge, Massachusetts: Harvard University Press, 1988.

普遍性应用，巴斯德也成功地将他的杆菌与炭疽病结合在一起。因此，行动者网络的制造过程充斥了各种博弈和商榷，巴斯德征募细菌、征募同事以及征募整个法国社会的工作充满着艰辛，他需要在这一过程中不断创造出新的利益联结关系，这一关系使得其他行动者能够看到彼此之间利益的一致性，由此才能被征募过来，而且这一联结的网络其实非常脆弱，需要不断地强化和稳固。

三　转译建构：物质文化边界

在技性科学视域中，拉图尔通过从地方性情境到外在社会的扩展，塑造了一种物质文化划界，这种划界破除了一切之于科学的先验性界定，通过追踪行动者构建科学边界的行动，将这一地方性实践中的所有参与性要素充分展现出来，进而在打破科学、技术与社会之间边界的基础上，塑造出一种维系科学认知权威性的新机制。比如，在气候学会议上，科学家的认知权威并不是与生俱来的，而是"通过向他的听众展示他的秘密来为自己的研究结果进行辩护…这些秘密包括'参加气候分析的大量研究人员、复杂的数据核实系统、文章和报告、同行评估原则、庞大的气象站网络、漂浮的气象附表、卫星和确保信息流通的计算机'"，相对应地，"气候否认主义者没有这种体制架构"①。在此意义上，科学行动者不再停留于叙述性真理，而是开始立足于强大的实践性网络的建构，只有取得了有信誉的机构、比较可靠的大众媒体以及大多数公众等行动者同盟的支持，事实才能得以稳固下来。或者说，一项事实被相信，甚至被判定为科学，并不取决于其真实性，而是取决于它的实践建构条件，包括是谁在制造它，是由谁来处理，是从哪些机构产生和被看到等一系列转译链条的建构。

因此，一个单独且脆弱的技性科学项目获得排他性的力量，并不是因为它符合自然和社会所要求的本质性特征，而是因为它周围围绕着各种异质性行动者的复杂网络。一个事实在社会上所联合的网络越大，那么参与其生产的行动者就越多，那么它就越能有效地反驳那些

---

① 魏刘伟、[美] 艾娃·卡夫曼：《布鲁诺·拉图尔——为科学辩护的后真相哲学家》，《世界科学》2019 年第 2 期。

不那么合理的替代方案，比如科学引证的质量在很大程度上取决于转译的程度、联结的强健性、中介物的积累、参与对话的行动者数量、使非人类行动者介入话语的能力、激发他人兴趣并说服他人的能力等。具体来说，拉图尔采用人类学的方法研究技性科学，以此展现出科学家、技术专家等行动者如何在与其他力量的协商和同谋中获取资源，最终建立起一个最强大的同盟①。

（一）建构强大的话语和文本

首先是话语与事实的建构。在现实的争论中，科学行动者通过不断变化句子的模态来对自己或同盟的观点进行辩护，或对对手的观点进行贬低，从而达到赢得争论的目的。其次，专业文本的建构。科学家在争论中，通过修辞来增强话语或文本的力量，并以此将专业文本与非专业文本区分开来。一是求助于盟友，特别是向地位更高和为数更多的盟友（权威）求助，只有当文本的主张不再是孤立的，有大量行动者参与其发表并在文本之中被明确言及时，它才变成了科学；二是引证以前的文本，技术性文献和非技术性文献的区别并不在于前者是有关事实的，后者是有关虚假的，而在于后者只掌握了极少量的资源，而前者则通过援引其他文本掌握了大量的资源；三是被后来文本引证，某一断言的身份依赖于后来的使用者将之嵌入自己的论文，也就是说，文本的力量来自被后来的大量文本持续不断地引证或批判，甚至被当作理所当然的事实。最后，积极写作抵御来自敌对方攻击的文本。一是当引文和权威丧失说服力时，文本会通过技术性细节的堆积，使反对者相信他们所质疑的内容真实地存在于文本之中，这些细节主要体现为文本中的数据及其呈现和获取方法等各种非人类因素；二是部署战术，文本同盟以一种强有力的方式部署在一起，包括堆叠、布景、架构和把控。因此，科学行动者的任务并不是使自己的科学研究超然于社会之外，而是为自己的文本塑造更多的社会联结，进而获得更为强大的力量。

（二）建立强大的实验室

首先是从物的"本书到场"转向"真实到场"。一是在实验室内

① ［法］布鲁诺·拉图尔：《科学在行动——怎样在社会中跟随科学家和工程师》，刘文旋、郑开译，东方出版社 2006 年版。

不断进行铭写。科学家综合利用实验室的物资资源和非物资资源来完成铭写过程，包括实验室的活动痕迹、观点、图形、数据记录等，由此质疑者也从文本的世界被带入了物质的世界。二是科学家要为事实代言。科学家在实验室内代表不能发声的人和物说话，而他们作为代言人的权威或力量来源于其在实验室内的实验操作，即与其所代言的实验室物质环境之间的同盟，这意味着质疑者只有在实验操作中使现象、对象以及实验仪器亲自发声时，才有资格进行反驳。三是进行力量之间的考验。质疑者与支持科学家结论的仪器、样品、实验记录等要素之间会进行一场关于力量的争辩，其结果要么是科学家失败，其断言变成主观臆断，要么质疑者失败，科学主张由此成为客观自然的代表。其次是建立反实验室。一是增加黑箱。反对者在面对科学黑箱时，需要建立新的实验室，聚集起更多更强大的力量，这样才能打破原有的黑箱以及彼此之间的关联，建构出一种更为复杂的黑箱系统。二是使行动者背叛它们与代言人之间的同盟。如果科学家与其所代言之物之间的同盟被打破，或者说，实验室内的某些部分背叛了这一同盟，那么科学家的力量就会被否定。三是建构新的盟友。当科学家与外来的质疑者陷入均势时，需要寻求某种新盟友的支持，这些新盟友也就是实验室中通过仪器操作建构出来的新客体，而科学家和新客体的力量又都来自这两者的互构过程。

（三）通过转译建构利益共同体

利益转译的发生机制通过打断其他行动者最初的行动路线，征募他者之于自身行动目标的兴趣，以此将他者的利益征募到自己的阵营，并将原本与目标无关的行动者变成利益相关者。一是更改行动目标，通过消解目标群体之于某一问题的原有解决方案，为他们寻找一个替代性的目标，进而制造出与这些群体相关的利益纠缠；二是发明新的目标，通过创造新的目标以及需求来扩大目标群体的征募范围；三是定义新群体并赋予它新的目标，这种目标只能通过帮助竞争者建构他们的事实来达到，也就是说，一旦新形成的群体受到来自新发明的敌人的威胁，共同的兴趣就会产生；四是使迂回回归于无形，采取某些手段使被征募的群体仍认为自己沿着一条符合自身目标的正确进路前进，从未放弃原初的兴趣；五是赢得证人归属的考验，通过使自己成为整个事业的核心来保证绝对的权威地位，以此来规避他人抢夺功劳。除此之外，还需要获得社会的支持。合作者之所以能够在实验室内安心工作，是因为老板在实验室外不断地争取新的学术资源和各类支持。也就是说，科学工作并不只是实验室内部行动者的任务，实验室外同样存在行动者从事科学工作，包括订购以及生产实验材料与科研仪器，参加各种学术会议来获得同行认可，进行临床试验、专利以及产品推广，获得政府或产业界的资金支持，与媒体进行沟通以扩大舆论，向公众普及以获得社会认可等。

由此可见，在技性科学的视域之中，科学行动者在实验室内外进进出出，一方面，他们扎根于物质性要素进行自然有效性的建构；另一方面，他们又依赖于社会性要素进行社会可接受性的建构，这两者缺一不可。更为重要的是，将某一活动判定为技性科学，不仅要求转译链条的完整性，而且还要考察这一链条中的联结够不够强大，以及是否采取上述所描述的正面的联结方式。当某一行动者与他者之间的联系越来越多，它的建构性就越强，进而它的实在性也就越强，与此同时，他们所构成的网络通过转译将越来越多的行动者招募进来，随着行动者网络的增长，它也从一个地方扩展到另一个地方，它开始变得越来越强大且牢固。

第三节 宏观结构：规范性划界

考虑到库恩的划界理论所面临的哲学困境，布尔迪厄开始彻底规避关于认识论划界的讨论，从完全社会学的角度解读科学共同体的活动及其所建构的技性科学划界。布尔迪厄将本来停留在社会学领域的"场域—习性模式"应用于科学领域，形成了一种作为技性科学与非技性科学划界的"科学场"，并力图通过科学场域的客观结构与主观习性的有效互动来实现科学自律与他律间的张力。因此，他不仅关注于如何"通过场域的特有形式和力量的特定中介环节"①，将科学行

---

① ［法］皮埃尔·布尔迪厄、［美］罗克·华康德：《实践与反思——反思社会学导论》，李猛、李康译，中央编译出版社1998年版，第144页。

动者与外在世界联结在一起，更侧重于展现科学场内部力量的斗争过程对于场域界限的建构作用，即不断重塑使得场域效果充分发挥作用的科学空间，以此产生一种排他性的社会效应。基于"该建构内部以及它可能面世的社会条件"两者之间不可逆的结合，① 布尔迪厄得以建构出一个向社会开放的结构体系，以此来维系科学场在社会中的特殊性地位，进而避免科学场彻底泛化到社会场之中。

一　空间场域：科学资本与主观习性的互动

在布尔迪厄的理论视域中，外在的宏大社会作为一个"大场域"，由各种相互独立又相互联系的"子场域"所构成，科学场域（scientificfield）仅仅是社会大场域中某一特殊的子场域：一方面，科学场存在于社会场域中，与其他场域保持着一定的关联性，并具备同样的社会属性；另一方面，在社会场域中，科学场是极为特殊的"子场域"，拥有其他场域无法比拟的独立性和特殊性。具体来说，科学场作为"一个汇聚了具有一种结构意味的各种力量的场，同样也是一个进行着这些力量的转变或保持着斗争的场"②，场域并不是静止不动的固定空间，而是一个充满交往和竞争的客观关系的社会空间，同时场域中各种力量相互博弈并由此保持着一种动态的结构。首先，各个行动者、孤独的研究者、设备或者实验室等作为活动因子构成了这个具备一定结构的科学场，这些活动因子又在场域中保持着斗争性。其次，科学场的结构是由科学斗争的各种力量关系之间的情况所定义的，而行动者的力量关系又取决于"它所拥有的各种不同类型的资本的数量和结构"③，也就是说，科学场域的结构就是不同活动因子之间客观关系的空间，并且这些位置是由这些活动因子所争夺的资本在场域中的地位所决定的。最后，在场域中占据有利位置的决定因子，

---

① ［法］皮埃尔·布尔迪厄：《科学之科学与反观性》，陈圣生等译，广西师范大学出版社 2006 年版，第 129 页。

② ［法］皮埃尔·布尔迪厄：《科学之科学与反观性》，陈圣生等译，广西师范大学出版社 2006 年版，第 57—58 页。

③ ［法］皮埃尔·布尔迪厄：《科学之科学与反观性》，陈圣生等译，广西师范大学出版社 2006 年版，第 59、98 页。

以各种方式推进并提升其在场域中的应有位置，并有意或无意地迫使科学的发展最大程度上符合自己的利益，成为现有的"常规科学"的最有力的捍卫者。

进一步地，布尔迪厄将场域结构与社会规范内化在行动者的实践之中，进而赋予行动者一种遵循着实践逻辑的性情倾向——习性（habitus），以此来克服由库恩的范式所营造出的中央标准专制统治的恐惧，即范式以强权的形式施加于科学共同体的活动，因而丧失个体能动性的科学家沦为了科学集体意识的奴隶。这种科学场的习性表达了科学家的技能，包括"处理一些问题的实践意识，以及处理那些问题的合适方法"①，习性是科学行动者以某种方式来感知、行动和思考的倾向，这种倾向是科学场域的结构与科学资本的力量构成性地内在化在行动者的认知和行动之中。第一，习性是与科学场域的客观结构紧密相关的主观性体现，其形成受场域的构成性影响，即在社会规训下逐渐形成且不完全脱离于科学的客观结构。第二，虽然习性表现在个体身上，但它还具备集体性。通过教育和专业训练等社会规训，科学共同体不需要借助集体性质的规范原则，就能产生方向一致的、步调统一的组织化活动，而正是这种统一科学团体行动方针的内聚力，为科学行动者的社会边界的确立提供了规范性的力量。第三，习性是历史性的，既是先天的又是后天的：一方面，它是专业教育所产生的"被结构"的产物；另一方面，它组织着一切经验的感知和鉴赏，因而习性并不是固定不变的，它具备生成性和开放性，在经验的影响下不断调整自身的结构。②

可见，在布尔迪厄的理论视野内，尽管科学场是由客观关系所构成的空间系统，但是场域中的行动者并非任意摆布的木偶，他们表现出一种强烈的实践意向性，比如在斗争过程中积累大量资本的行动者，占据着有利于其结构作用的位置，并通过各种策略垄断合法表达科学的途径，以此来竭力维持或改善其在场域中的权威性地位。因

---

① ［法］皮埃尔·布尔迪厄：《科学之科学与反观性》，陈圣生等译，广西师范大学出版社 2006 年版，第 66 页。

② ［法］皮埃尔·布尔迪厄：《科学之科学与反观性》，陈圣生等译，广西师范大学出版社 2006 年版，第 184 页。

此，科学行动者的习性，作为一种实践意识或解题技能，在与科学世界相关联的具体情境的碰撞中不断自我生成，并由此组织着行动者的经验活动。总而言之，基于科学场的客观结构与主观习性的有效互动，行动者、科学世界和社会世界之间保持着一种无意识的契合，这一相对稳定化的结构性关系安排出科学共同体来面向自然，使得划界不再受制于本质主义的、先验的科学定义，并由此勾勒出了科学共同体与非科学共同体之间的动态边界。具体来说，科学场域内的行动者并不由外在自然所定义或受内在理性所引导，也不按照先验规定好的行动纲领行动，他们在保持着动态性的历史之中进行科学实践，承受着由其内部力量争斗所产生的规范的约束，基于这种无意识的规范性来与同行进行交流。也正是在这一过程中，那些不理会或破坏了社会规范的行动者，根本无法面对同行的质疑，更难获得同行的信任，他们最终会被驱逐出科学场。

二　社会规范：技术科学的内在逻辑

在传统科学哲学的视域中，场域中各个行动者都能按照精心安排的方法和程序，以及有意识、计算好的认知目标来运行。科学社会学同样认为，科学是为科学共同体广泛接受，并"借助于话语约定俗成的自动性逻辑"[①]，如默顿的共有主义。但是问题在于，这两者刻画的是理想化的科学运作机制，即科学的实践活动被描述为自觉地遵循某种理想规范而进行的无私利性交易的集体活动。此外，还存在诸多的科学哲学家以及部分的科学家将科学的日常生活视作一部分集团反对另一部分集团的"战争"，科学由此成为一种纯粹斗争、相互敌视的矛盾性场域。基于此，布尔迪厄提出，科学场既不是"圣人"，也不是"暴徒"，前者磨灭了习性的主观能动性，后者消解了结构的客观规范性，其本质是内含着竞争与合作的社会空间：一方面，科学场域内的各因子保持着相互的斗争性，这种斗争性保证着知识的活力；另一方面，科学场中特有的认识论规则将

①　[法] 皮埃尔·布尔迪厄：《科学之科学与反观性》，陈圣生等译，广西师范大学出版社 2006 年版，第 77 页。

科学行动者团结在一起，这种团结保证着科学具备自身独特的自我辩护机制。

这些认识论意义上的规则实际上是一些"社会规范"，是科学争论时所遵循的规则和调节冲突时所采取的手段。这些规范一方面具有封闭性——局限在该领域下的同行竞争中；另一方面这些规范要接受外在的实在世界的裁决，这些规范本身会受到外在于场域的利益、市场等因素的驱动。由此，科学场作为集体共识的建构，并不受到某种认识论、方法论或逻辑等超验规则的制约，而是"受到其所从属的场域强加的特有的社交性原则的制约"①，这些社交性原则在外界的影响下形成，满足于外在世界建立的各种限制条件（如审查），最后这些社交性的原则又施加于场域中科学共同体的实践活动。科学场中的每个行动者在科学实践过程中也会"无意识"地符合所在团体所要求的社会规范，以此来与同行相互交流，并在这基础上面对同行的质疑或信任。可见，每个场域都有着特定的逻辑、法则和规范，它们保证了场域内部主体间信息的交流、报酬等荣誉的分配。

通过将科学资本和社会制度安排的先验性作为从事科学实践活动的前提条件，布尔迪厄试图从康德的先验认知形式转向社会化的认知结构。布尔迪厄从康德主义的视角重申"客观性是主体间性"②，但是康德的主体间性基于经验与先验之间的截然二分，并将先天的认知结构作为获得认识一致性的基础，相反，布尔迪厄的主体间性基于"从经验上观察（如场域等）的社会—认知结构"③，这种认知结构应具备社会属性，并不完全脱离于经验。科学场不需要超验性的存在来挽救其理性，科学场内部本身就"存在着有助于产生'更优秀的议论力量'的象征力量与厉害斗争的关系"④，科学场会在自身形成的过

① ［法］皮埃尔·布尔迪厄：《科学之科学与反观性》，陈圣生等译，广西师范大学出版社 2006 年版，第 121 页。
② ［法］皮埃尔·布尔迪厄：《科学之科学与反观性》，陈圣生等译，广西师范大学出版社 2006 年版，第 132 页。
③ ［法］皮埃尔·布尔迪厄：《科学之科学与反观性》，陈圣生等译，广西师范大学出版社 2006 年版，第 133 页。
④ ［法］皮埃尔·布尔迪厄：《科学之科学与反观性》，陈圣生等译，广西师范大学出版社 2006 年版，第 139 页。

程中建立起某种社会规范来协调场域内部的关系与秩序，从而实现科学场自身的稳定与发展。而这些规范的存在使得行动者的竞争或合作符合稳定的评判机制，同时这一评判机制也在逐渐符合行动者的共同需求，权力（利益）与能力（理性）间的矛盾会逐渐在竞争的过程中得以消除。

基于此，科学场域与外在社会之间界限的划定并不是理性的、超脱的，反而一直保持着历史的动态性，它是各种科学行动者在不断地竞争与合作的过程中逐渐达到的主体间性的产物，是场域中各行动者相互协商并达到一致的结果。同时，科学理论、实践甚至包括科学家个体都是社会规范规训出来的，只有满足了这些场域内独有的社会限制条件，科学场内的作用关系才能实现。由此，逻辑主义的理性（规范的约束作用）和相对主义的利益（科学场中主导者之于规范制定的权威作用）在这里得以有效地结合，一方面，规范是一种竞争性的社会共识，另一方面，科学场域内行动者必须按规范行动，否则就会被排除出场域。科学行动者并不由外在自然所定义或受内在理性所引导，也不按照先验规定好的行动纲领行动，而是在保持着动态性的历史之中进行科学实践，承受着由其内部力量争斗所产生的规范的约束，并充分发挥自身的能动性。在此意义上，科学划界这一工作本身也是由科学场内部协商建构出来的，或者说是由社会规范所规训出来的。在布尔迪厄看来，科学场域内部存在着某种最为纯粹的内在驱动力，这种驱动力使得科学家们不断试图追求真理，故真理本身"是科学场所具备的完全独特的条件下完成的一种凝聚着集体效能的产物"①，由此，真实在社会制度所安排的"历史"之中产生。

逻辑主义划界路径强调主体要获得自然对象的认可，由此主体与对象之间的对应关系才能生效，库恩的划界路径则强调自然对象只能在科学共同体所获得的共识（范式）的范畴内才能得以显现。在这两者基础上，布尔迪厄强调社会规范之于科学场的影响，这种社会规

---

① ［法］皮埃尔·布尔迪厄：《科学之科学与反观性》，陈圣生等译，广西师范大学出版社 2006 年版，第 145 页。

范源于科学行动者内在的集体共识与外在的社会规则的相互作用，社会机制安排出科学家群体来面向自然。因此，科学划界并不像逻辑主义划界所描述的那样被动，反而具备极强的内在能动性，这种内在的力量类似于康德的认知结构，但又不同于先验的模式，而是以建构性的方式展现出科学场域内部的形成过程，并以此来抵御场域外部力量的介入。可见库恩强调看不见的共识，布尔迪厄则强调看得见的制度安排，前者通过科学划界的历史化，使人成为自然的主人，后者通过科学划界中认识性与社会学的统一，使人成为科学实践的具体场所以及产生知识的社会世界的主人，而两者的结合演绎着科学划界过程中"人的自我发现之旅"。

三 科学边界：自律性与他律性的张力

布尔迪厄关于客观结构与主观习性思想的提出，很大程度上立足于克服实证主义与传统唯心论的对立，前者认为科学知识是人类消极的复制，后者认为科学知识完全是人类思维的主观建构。也就是说，科学场一方面指称着客观关系的空间，另一方面展现着主观习性的实践力量，正是这两者的相互运动，保证着科学活动的稳定与活力。基于此，布尔迪厄试图通过科学自律性与他律性间的张力，来维护科学认知结构的独立性，并在此基础上拓展科学的社会性。具体来说，布尔迪厄以场域的自律性程度来区分社会的"子场域"，这一自律性程度又取决于所征收的"入场费"的力度和形式。这保持着一定的关联性（自律性越高，征收的入场费越高）的两方面构成了科学场区分于其他场域的关键性因素，也就是说，科学场作为自律性最高的场域，征收最高的入场费。

由此，科学场的入场费作为制度化的准入条件，为科学共同体确定了一种衡量成员资格的合理性标准，它一方面表现为研究者的"科学资本"，这种资本主要源于行动者在学校和社会所接受的专业培训，其中最重要的因素就是"数学化"，如数学解题能力，它使得职业者和爱好人员之间的、内行和外行间的鸿沟越来越大，对数学的掌握成了科学（特指物理）的"入场费"，由此"不仅减少了读者的数量，还减少了潜在的生产者的数量"①。另一方面它又表现为一种"相对非功利性的虔诚",这种幻想主要基于行动者对科学场游戏规则的默会理解,科学场域中的行动者并不追逐外在于科学场域的社会地位,它更多关注于通过同行评议所获得的场域地位的保障,而这种相对无功利性的活动本身是社会制度规训的产物,是通过学校和家庭的双重教育形塑出的一种实践性向。正是高昂的入场费和无功利的虔诚,使得科学场成为所有社会场中自律性最高的场域,而这种高度的自律性也不是唾手而得的,它依靠于科学行动者在历史中周而复始、永不休止的努力来逐步获得并不断发展。

在此意义上,自律性极高的科学场域具备了封闭性,这种封闭性使得这一科学场域呈现出一种不同于其他社会领域的社会规范。虽然库恩的"范式—科学共同体"模式已开始引入社会因素,但库恩本人仍强调科学共同体与社会相互隔离,科学家只需重视同行评议及其机构,并不需外行人士的介入,基于此,科学家能集中更多的精力在科学研究上,而不必考虑任何伦理、价值和利益问题。布尔迪厄的自律性与库恩所强调的同行评议有着异曲同工之处,即鉴于所征收的高昂的入场费,布尔迪厄的科学场具备了一定的封闭性:首先,科学只实施于那些具备认识和承认它的感知范畴的行动者,即仅限于科学共同体范围内的行动者。其次,科学行动者被赋予了特殊的感知范畴,只有那些已积聚了足够科学资本的行动者才能进入科学场域。最后,纯科学资本作为受到承认的象征性资本,其价值只在科学场域内获得认可,其分量也只随着其同行竞争者对其承认程度的变化而变化。也就是说,科学场中的行动者通过同一场域内的同行评议获得准入资格,并通过同行的承认程度丈量自身象征性资本(科学资本)的分量,最终这种象征性资本产生一种封闭的效果——排斥其他场域,从而保持着科学场的独立与自律。

但是,这种由同行评议所维系的封闭性从来都不是完全的,科学场不可避免地接受社会的裁决,科学共同体所采取的策略都是既科学

---

① 〔法〕皮埃尔·布尔迪厄:《科学之科学与反观性》,陈圣生等译,广西师范大学出版社 2006 年版,第 98 页。

又社会的。科学场强调纯而又纯的科学功能，但其内部仍有着相当强的社会功能，即与该场域中的其他行动者所形成的某种相互关系。基于此，外在权力的干预并不直接作用于那些置身于科学场的行动者，而是以场域专有的中介方式，通过不断重新塑造科学场域内部资本的斗争的方式来对行动者的行为产生影响。一方面，科学资本分为"科学本身的权威性资本"和"施加于科学世界的权力资本"两类，前者通过纯科学的途径来积累，主要表现为同行的认可程度，后者则不是通过科学世界本身的机制积累而来的，而是科学场域的现世权力的体现。这种现世权力的分配采取与科学本身权力逆向的分配形式，也就是说，在社会介入之后，行动者所负载的制度化资本与纯科学资本的数量和结构发生了变化，行动者在场域中所占据的位置及其与其他行动者的关系也因此发生了变化，特别地，制度性资本的提高会削弱科学荣誉方面的纯科学资本积累的诉求。因此，不同于逻辑实证主义所提倡的完全自律性，也不同于库恩只强调科学共同体的封闭性，布尔迪厄看到了他律性之于科学场的构成性作用，比如科学家在科学场中的地位支配着科学家说话的可信度。正是他律性的引入，布尔迪厄科学场才能保持着自律与他律之间的张力，这种张力保证着科学的独立发展，更保证着科学与时俱进、直面现实世界的评判。也正是对于他律性的引入，布尔迪厄将整个社会运作机制纳入科学边界的建构过程，从而促使科学的边界从停留在小科学阶段的知识性特征发展为大科学阶段的知识性与社会性的双向特征。

最后，基于科学场的客观结构、社会规范与主观习性的有效互动，行动者、科学世界和社会世界之间保持着一种无意识的契合，这一相对稳定化的结构性关系安排出科学共同体来面向自然，使得划界不再受制于本质主义的、先验的科学定义，并由此勾勒出了科学共同体与非科学共同体之间的动态边界。因此，布尔迪厄的理论要旨在于，消解库恩的划界理论所营造的集权性特征的本质主义取向，科学行动者不再是任由范式摆布的木偶，而是主动表现出强烈的实践意向性，比如积累大量科学资本的行动者，占据着有利于其结构作用的位置，却又试图通过各种策略来垄断合法表达科学的途径，以此来竭力维持甚至改善其在场域中的权威性地位。具体来说，布尔迪厄的划界理论通过不断改变场域边界的轮廓，使得封闭和开放的区域不断地被标记，以此使科学话语同时包含和排除其竞争对手。各种正式和非正式的日常和专业活动是相互联系的，并共同嵌入一个专业领域之中，受制于科学话语的独特逻辑，也就是说，科学的社会和空间结构、知识和实践的特有习性以及社会行为和职业规范的模式最终内化为科学的逻辑，这一逻辑鲜明地将科学场域与外在社会区分开，并以此形成一种在承认科学边界向社会开放的情况下也能保持相对独立和自律的社会空间。

　　但是问题在于，第一，布尔迪厄的宏观分析只提供了宏大叙事式的说明模式，并没有具体展现科学场与其他社会场域之间的微观互动过程；第二，布尔迪厄之于非本质主义的空间结构的塑造，是以牺牲科学的认识论特殊性为前提的，科学在社会学意义上的自律性无法解释科学之于自然世界的独特意义；第三，布尔迪厄只关注了科学场域内部的客观结构以及主观习性、社会规范三者所共同产生之于其他场域的排他性，却很少涉及可接受和不可接受的技性科学实践交接的行动过程，但是后者意义重大，因为各种行动者及其机构在实践方面的争斗不仅在领域之间的边界上，而且在领域内部的边界上不断加剧，而这正是拉图尔的描述性划界的主要内容。

小结　走向案例研究

　　鉴于当代学院科学的商业化趋势，科学哲学应跟上时代的步伐，研究"时代断裂"后的技性科学实践，这一研究并不是去建立自娱自乐的宏大叙述，而是要去把握当代技性科学的真实运作机制及其时代特征。基于此，科学划界研究需要从技性科学的角度进行重新的审视，拉图尔的行动者网络理论为此提供了一种描述主义的微观划界路径，而布尔迪厄的科学场理论提供了一种规范主义的宏观划界路径，前者是在哈金的干预主义划界的基础上，将实验室科学外部的社会因素内在于行动者网络的建构之中，后者则是在库恩的科学共同体划界的基础上，将科学共同体外部的社会因素内化在科学场的建构之中，基于此，技性科学视域下的划界在科学—技术—社会一体化的视域下捍卫科学在认知以及社会上的权威性地位。但是正如哈金所呼吁的，"让我们走向案例，而不是寻求普遍性"①，这样我们才能真正地从科学理论走向科学行动者的实践，从抽象的认识论规则转化为技性科学实践的规范性力量。

---

① Ian Hacking，"Let's Not Talk about Objectivity"，in Padovani F. et al. eds.，*Objectivity in Science*：*New Perspectives from Science and Technology Studies*，New York：Springer，2015，p. 29.

第四章　S&TS 划界视域中的
伪科技创业分析

　　20 世纪 80 年代以来，全世界范围内呈现出学院科学商业化的趋势，科学家不再是纯粹的科学知识生产者，他们开始"直接面对产业有效性的语境"①，生产面向市场的科创产品。正是在这一科技创业的浪潮中，伪科学借以创新创业的名义，骗取政府的支持、企业的资助和大众的信任，造成大量智力和社会资源的浪费，更误导着社会公众的认知与实践。剖析伪科技创业现象持续发生的根源，除了常见的社会心理学和科技政策层面的研究外，还需从哲学层面进行考察。基于技性科学视域中的划界模式，可以看到伪科技创业的出现有着深刻的认识论根源，即伴随着科学社会化的进程，技性科学过于重视社会维度的介入，反而忽视了技性科学本身的科技内涵，这一缺失自然有效性的产业化过程，为各种伪科技创业的滋生提供了温床。科技创业与其他事业之间差别性的维持，归根结底依赖于"真实科学所具备的认知根据"②，一方面，这一认知根据必须立足于科学—技术—社会一体化的实践过程，以实验运作机制为最终的根基；另一方面，这一认知根据需要科学共同体的制度性规范的约束。前者为科技创业提供了认识论基础，后者则为这种认识论基础的实现提供了现实依据，并由此从认知和规范两个层面将科技创业与伪科技创业区分开来。

---

　　①　Roli Varma, "Changing Research Cultures in U. S. Industry", *Science*, *Technology & Human Values*, Vol. 25, No. 4, 2000, p. 414.

　　②　Maarten Boudry, "Loki's Wager and Laudan's Error: On Genuine and Territorial Demarcation", in Massimo Pigliucci and Maarten Boudry eds. , *Philosophy of Pseudoscience*: *Reconsidering the Demarcation Problem*, London: The University of Chicago Press, 2013, p. 87.

第一节 技性科学中的伪科技创业

伴随着技性科学的发展，科技创新不再是纯粹的科学或技术的发展，而是一种融科学、技术与社会为一体的创新创业。也就是说，当科学知识开始适用于生产财富时，科学本身就从文化过程转变为产生新财富的生产力，这种生产力以科技创新创业的形式弥散在当代社会的发展过程之中。正如伯顿·克拉克（Burton Clark）所提出的"创业型大学"概念，大学和学术界开始参与市场并最大限度地增加商业化机会，以此来实现财务自立。[①] 例如，洛克菲勒大学宣布从生物技术公司（Amgen）赚取了2000万美元的"肥胖基因"专利费，如果这种蛋白质被证明对治疗肥胖有效，那么公司会同意支付加倍的费用。[②] 由此，伴随着学术科学中占主导地位的市场风气的形成，新型的创业型科学的影响力也日益增加，并逐渐成为区域经济发展的新引擎，学术科学也开始以此为目的开发新的组织机构以及从事知识的保护、推广和传播。

可见，教学、科研和经济发展正在经历着一种从个人视角到组织视角的转变，学术科学通过扩大群体研究来参与一种相对隐蔽的组织发展过程，最终导致创业型科学的形成。创业型科学作为一种学术性的创业企业，类似于一家初创公司，研究小组负责管理一个不同层次研究人员组成的集体，并继而取代了个别科学家的研究模式。基于这一学院科学的教学科研与技术转移之间的结合，某些学术科学家也开始以各种方式参与知识的商业化过程，从其发现、发表的文章以及科学声誉中寻求知识产权，由此逐渐成为发明家、开发商和企业家。这些科学行动者从"象牙塔的传统主义者"走向"企业科学家"[③]，他

① B. R. Clark, *Creating Entrepreneurial Universities: Organizational Pathways of Transformation*, Oxford: Pergamon Press, 1998.

② Henry Etzkowitz, "The Second Academic Revolution and the Rise of Entrepreneurial Science", *IEEE Technology and Society Magazine*, Vol. 20, No. 2, 2001, p. 19.

③ Alice Lam, "From 'Ivory Tower Traditionalists' to 'Entrepreneurial Scientists'? Academic Scientists in Fuzzy University-Industry Boundaries", *Social Studies of Science*, Vol. 40, No. 2, 2010, pp. 307 – 340.

们坚信大学和企业之间的界限是可渗透的和灵活的，并试图为知识的生产和应用寻找一个有效结合的开放空间。同时，他们强调基础研究与应用研究之间的互动关系，声称要将知识生产及其实际应用和商业开发更紧密地联系在一起，并通过生产知识以及人力资本来为经济发展提供越来越多的资源。

　　因此，一部分科学哲学家或科学社会学家以积极的角度来看待创业型科学的兴起，强调学院科学与产业界日益趋同，并将学院科学、私营企业和政府联系成一种生产关系，以此预言新的科技创业时代的到来。例如，吉本斯所提出的知识生产的新模式，强调将学术研究与商业开发结合在一起，其主要特征在于"弱化的学科及机构界限，经常聚集在各种各样的大型计划周围、多少有些暂时性的专家群体，拓展质量控制的标准，以及强化的社会问责性，使得知识生产的科学、技术和产业模式之间实现更为紧密的互动"①。相比之下，还有些研究者对大学与产业界之间的紧密联系提出了严厉的批判，并对与科技创新创业精神相关的规范和制度风险做出了警示。例如，克里姆斯基（Sheldon Krimsky）批判了产学之间的商业关系，认为私人研发基金的全面渗透正在改变许多学术研究的特性，商业资本甚至掌握了生物医学研究的命脉，进而不断侵蚀传统学术科学的规范和价值观，传统科学家的地位也日益受到威胁。②

　　也正是在这一创业型科学兴起的背景中，伪科技创业借以社会建构论的理论视角，以社会的超然性抹去真理与谬误之间的区别，由此尽管它的理论偏离了科学的认知范畴，却仍能被它的拥护者兜售成科学。与科学造假相比，伪科技创业更多地涉及疯狂崇拜的人和网络，其关系结构更类似于"扯淡"，这种扯淡不仅没有丰富的数学知识、物质的干预和技术的整合，而且比散布错误的主张更为危险，因为谎言作为直接与现实相关的主张，可以通过充分的审查来被证明是谎言，但是伪科技创业会通过不提供任何明确的主张或采取严格的保密

---

　　①　［美］罗伯特·吉本斯等：《知识生产的新模式：当代社会科学与研究的动力学》，陈洪捷、沈文钦等译，北京大学出版社 2011 年版，第 59 页。

　　②　Sheldon Krimsky, *Science in the Private Interest：Has the Lure of Profits Corrupted Biomedical Research?* Lanham：Rowman and Littlefield，2004.

措施来拒斥反驳。更为糟糕的是，在当代创业型科学的语境中，各种权力、资本与利益之间的博弈，以及以利润为导向的保密性，都蓄意渗透在当代技性科学实践之中，这导致伪科学能以一种伪科技创业的新形态来骗取私人和公众资源的投入。

以塞拉罗斯现象为例，塞拉罗斯公司的创始人霍姆斯（Elizabeth Holmes）宣称利用塞拉罗斯的先进技术——指尖采血检测法，可以对上百种疾病做出准确的检测，同时承诺这种"公众的自我检测将使人们能够及早发现无症状疾病，这将有利于采取挽救生命的治疗或预防措施"①。这种在商业商店以低价提供各种分析物测试的模式，以集中实验室百分之十的成本进行诊断测试，因而一度被认为是发现颠覆性技术的典范，甚至被列为 2013 年美国十大医疗和技术创新之一。②但是实际上，塞拉罗斯的健康利益声明都是假设性的，并没有任何科学证据的支持，公司的首席科学家伊恩·吉本斯（Ian Gibbons）根本无法在实验室内让塞拉罗斯的血检技术站稳脚跟。然而，尽管霍姆斯讲不清楚塞拉罗斯的技术原理，也无法拿出一套靠谱且已得到权威机构充分认证的检测设备，但是她深谙硅谷商业之道，其任务在于通过夸大其发现或发现的效应来打动媒体、说服投资人以及网罗消费者。在此意义上，她在筹款、吸引知名人士（尽管大多数都没有涉足过医学健康领域，例如前政客和军人）加入董事会，以及广泛的公众媒体曝光等方面取得了巨大的成功，公司在多轮融资中成功筹集了数亿美元，甚至在沃尔格林的连锁药店内开设血检室。

同时，在大约十年的运营过程中，塞拉罗斯公司对其技术和实践严格保密：一方面，科学家和工程师签署严格的保密协议，协议要求他们不能针对塞拉罗斯技术撰写任何文章，并且相互之间不能交流彼此的工作，一旦质疑公司血检结果的准确性，就会被警告或收到律师信；另一方面，塞拉罗斯技术"缺乏经过同行评审的出版物"，这种绕过同行评审、选择保密而非透明的技术，使得同行

① Eleftherios P. Diamandis, "Theranos Phenomenon-Part2", *Clinical Chemistry & Laboratory Medicine*, Vol. 53, No. 12, 2015, p. 1911.

② Eleftherios P. Diamandis, "Theranos Phenomenon: Promises and Fallacies", *Clinical Chemistry & Laboratory Medicine*, Vol. 53, No. 7, 2015, p. 989.

"无法对公司关于结果的有效性和质量的主张进行详细评论"①。这种保密性要求使得霍姆斯得以营造出一种硅谷式的科技创业形象，骗取了大量的商业资金的投入，甚至危害公众的生命健康。直到相关的政府监管人员对塞拉罗斯的血检室进行突击检查，结果发现该公司的血检手段和结果很不专业，可能会对实验室服务人员或公众的健康和安全造成严重伤害。之后，霍姆斯等人因两项串谋诈骗罪名和九项诈骗罪名受到起诉。"在起诉书中，政府指控他们不仅欺骗投资者，塞拉罗斯的投资者大约损失 10 亿美元，而且通过电子网络跨州操控血液检查结果——明知其准确性存在问题——也欺骗医生和病人。"②

在此意义上，戴曼迪斯（Eleftherios P. Diamandis）以"塞拉罗斯现象"（Theranos phenomenon）来指代伪科技创业现象。具体来说，在科技创新创业的过程中，首先，伪科技创业者及其机构无视科技创新的自然性维度，包括传统的认识论基础，如在理论层面提出新观点、新知识，解释更多的自然现象等，在实践层面上改进仪器设备，增强可应用性、实用性；其次，放大科技创新的社会性维度，包括商业资本的积累、政治力量的干涉、大众媒体的传播等；最终以美化自己的创新产品来骗取大众的认可、政府的扶持、市场的资助，进而攫取大量的财富和声誉。可见，象牙塔式科学的角度，难以分析技性科学的研究模式所带来的巨大变化，因而有必要在技性科学划界的视域中，对那些合适的、启发性的甚至对跨时代断裂论题而言具有重要意义的案例进行哲学审视：一方面，从经验研究上看，现有的研究主要集中于影响科技创业的知识产权制度和工业或企业变革方面，反而忽视了这些形式安排所基于的时代断裂过程中更为深层次的文化认知根源，而这一根源性的探究更需要通过对于技性科学实践中对立面现象的分析来揭示如何区分可接受的技性科学与不可接受的技性科学；另一方面，之于伪科技创业现象的哲学分析不能停留于罗列事实，而是

---

① Eleftherios P. Diamandis, "Theranos Phenomenon-Part3", *Clinical Chemistry & Laboratory Medicine*, Vol. 54, No. 5, 2016, p. e145.

② ［美］约翰·卡雷鲁：《坏血：一个硅谷巨头的秘密与谎言》，成起宏译，北京联合出版公司 2019 年版，第 317 页。

需要根据技性科学的划界标准来深入剖析伪科技创业现象出现的认识论根源和社会学基础，以此才能为规避伪科技创业提供一种行之有效的认识论和社会学指导。

第二节 认识论根源：自然有效性的丧失

在传统科学哲学的语境中，科学哲学家一直坚守赖欣巴哈关于"辩护的逻辑"与"发现的语境"的区分，① 并在认识论上确立真理与错误的双重标准，科学（真理）偏执于自然一端，伪科学（错误）偏执于社会一端，以此来规避外在因素对于科学有效性的影响。科学哲学家只关注科学内部理论合理性的评价或检验工作，并将话语权完全赋予自然，以可检验性、可证伪性、可预见性等认知标准来保持价值无涉的中立态度。在他们看来，科学知识产生过程中所涉及的利益、修辞、权力等社会因素，显然超出了科学的合法范畴，必须交付于科学社会学家或心理学家。由此，主流科学哲学将自己完全束缚在了认识论的范围之内，实证主义与后实证主义、实在论与反实在论的争论都是在此层面上展开的。科学哲学过于严苛的认识论标准，将所有的非认知因素排除在科学之外，因而它难以进入发现或应用的语境去思考创业型的科学，不但无法为抵御伪科技创业提供认识论基础，甚至给相对主义留下了足够多的可利用空间。

一 认知表现：以社会性掩盖自然性

伴随着科学的社会化趋势，科学与社会之间维系着一种开放且模糊的边界，布鲁尔、巴恩斯（Barry Barnes）等人借此从极端的社会建构论立场出发，解构科学对于自然的唯一解释权。他们认为传统科学哲学中价值无涉的辩护语境并不符合科学发展的现状，社会因素构成性地渗透在科学知识生产的过程之中。无论是成功的科学还是失败的学问，都是某一共同体在地方性情境中"对'实在'的

---

① Hans Reichenbach, *Experience and Prediction*：*An Analysis of the Foundations and the Structure of Knowledge*，Chicago：The University of Chicago Press，1938，p. 4.

集体看法"①，从而彻底抹除了科学之于非科学/伪科学在经验层面上的优越性，最终导致科学的过度社会化以及文化相对主义。

在科技创业的过程中，这种社会决定论从知识领域拓展到了实践领域，即从挖掘现象背后所蕴含的社会结构，转向展现产业化过程中的社会文化因素。他们强调，在生产空间和资本逻辑的支配下，当代的科技创业实践具体表征为企业、媒体、消费者、政府等多元利益主体之间权力与资本的博弈，经济利益的最大化已经取代科学可信度，成为科技创业的主要驱动力，因而科技创业与其他的社会实践活动并没有本质上的区别。然而，问题就在于，这种社会决定论思想普遍存在于科技创业的实践之中，科学确实越来越重视社会运作机制，也确实变得越来越世俗化和功利化，由此，科学在自然维度上的有效性遭遇了威胁，进而在一定意义上消解了抵御伪科技创业的认识论基础。

但是这种社会决定论是片面的，因为它对于自然与社会维度的分析进路还停留在传统的二元论框架之中，不但以自然与社会之间的割裂为哲学前提，更不对称地对待了自然与社会，将社会视作优先于科学行动的超验存在，却将自然视为实验室内的建构性存在。在技性科学的视域中，自然与社会的边界线日益模糊，这两个维度中的各种异质性要素相互杂合，共同"折叠"进了科技产品的生成过程之中。正如皮克林所提到的，在科学—技术—社会一体化复杂网络中，各行动者之间的博弈过程呈现为"人类力量与物质力量经由阻抗与适应的辩证运动"②，物质运作机制（包括自然、仪器与技术）与社会运作机制在这实践过程中共同生成、存在以及演化。

拉图尔更是以社会网图（sociogram）与技术网图（technogram）之间的互动关系③来表达技性科学时代科学运作的真实机制，在这机制中，基于利益转译机制所进行的考验、征募和磋商，导致社会同盟与自然同盟的建立或破裂。拉图尔的两项案例研究可以为此提供充分

① ［英］大卫·布鲁尔：《知识和社会意象》，艾彦译，东方出版社 2001 年版，第 21 页。

② ［美］安德鲁·皮克林：《实践的冲撞》，邢冬梅译，南京大学出版社 2004 年版，第 20—21 页。

③ ［法］布鲁诺·拉图尔：《科学在行动——怎样在社会中跟随科学家和工程师》，刘文旋、郑开译，东方出版社 2006 年版，第 234 页。

的说明。以狄塞尔机的发明及其生产过程为例，在狄塞尔市场化发动机的努力失败后，他的同事回到了发动机原初的试验过程之中，对破裂的自然同盟进行了修补和修正，最终重新维系其自然同盟的稳定，促使成型的发动机研制成功并得以实现"黑箱化"的生产。① 便利贴的发明过程却不同，起初，虽然黏性并不强的胶水能粘贴纸质物且不留污迹，但一直无法获得市场的认可，直到有人将它用于便利贴产品的制造（不改变发明，只适应市场需求），发放给各公司的文职人员（改变市场需求），以此建构起新的社会同盟，这项失败的发明才成为现在广为流通的技术物。② 从这两个案例得知，科技创业必须将基于实验利益转译所建立的自然同盟系统，与基于社会利益转译所建立的社会同盟系统结合在一起，才能维持科学在自然和社会双重维度上的有效性，两者缺一不可。同时，在这一开放性的网络之中，自然与社会都不是无须解释的超验存在，两者伴随着整个杂合过程不断重构自身，并依赖于主客体杂合而成的"拟客体"来得到解释。③

因此，基于自然与社会之间的模糊性和互构性特质，科学知识及其随之而来的科技产品的生产，不仅要求社会层面上的可接受性，同时也要考虑认知层面上的可辩护性，前者保证科学的社会需要性，后者确保科学的自然有效性，两者不可拆分。伪科技创业却片面抓住了科技创业实践中的社会维度，并将此等同于科学的全部，刻意忽视科学研究的自然维度。而当下创业型科学之于社会维度的过度关注，又正好为这种以社会可接受性来掩盖认知可辩护性的行为，提供了充足的认识论根源。由此，伪科技创业者并不需关注科技本身的认识论基础，也不用注重培养和提升自身的科学素养和技术能力，只需仰仗于经济资本的积累和政治力量的干涉，或利用大众媒体传播并伪造自己的创新产品，就能骗取大众的信任、政府的政策扶持以及大量资金的

① ［法］布鲁诺·拉图尔：《科学在行动——怎样在社会中跟随科学家和工程师》，刘文旋、郑开译，东方出版社 2006 年版，第 229—230 页。
② ［法］布鲁诺·拉图尔：《科学在行动——怎样在社会中跟随科学家和工程师》，刘文旋、郑开译，东方出版社 2006 年版，第 235 页。
③ ［法］布鲁诺·拉图尔：《我们从未现代过：对称性人类学论集》，刘鹏、安涅斯译，苏州大学出版社 2010 年版，第 108 页。

再投入。美国塞拉罗斯公司就是其中的一个典型案例。

二　重返划界：技性科学的认知根据

因此，如何在承认科学之社会运作机制的前提下，确保科技创业的认识论基础，就成为当代科学哲学所面临的最为紧迫的现实任务。显然，这是科学划界问题的一个变体。传统认识论将科学划界视为一个纯粹的理论问题，即，依据一组逻辑上充分且必要的分界标准来区分科学与伪科学。但基于科学信仰和实践的"认知互异性"①，我们根本无法获得共识性的统一标准，由此劳丹宣告了"划界问题的消亡"②。的确，纯认知形式的科学分界，根本无法肩负起保护科学免受伪科学侵扰和扩散的重任。但在技性科学的视域下，科学分界问题不需立足于理论层面的科学与非科学的辨析，反而更应关注于实践层面的科技创业与伪科技创业的区分。基于此，劳丹所强调的"在经验和概念上用于表述世界的根据"③，在自然—仪器—社会一体化的语境中被赋予新的内涵，④ 并由此重新恢复了科学划界的合法地位。

在技性科学的实践视域中，重审区分科学与伪科学的认知根据，首先必须立足于科学—技术—社会一体化的复杂网络体系。在这一网

---

① Larry Laudan, "The Demise of the Demarcation Problem", in Cohen R. S. and Larry Laudan eds., *Physics*, *Philosophy and Psychoanalysis*, Dordrecht: D. Reidel Publishing Company, 1983, pp. 123 – 124.

② Larry Laudan, "The Demise of the Demarcation Problem", in Cohen R. S. and Larry Laudan eds., *Physics*, *Philosophy and Psychoanalysis*, Dordrecht: D. Reidel Publishing Company, 1983, p. 111.

③ Larry Laudan, "The Demise of the Demarcation Problem", in Cohen R. S. and Larry Laudan eds., *Physics*, *Philosophy and Psychoanalysis*, Dordrecht: D. Reidel Publishing Company, 1983, p. 120.

④ 尽管根据劳丹的说法，重要的不是区分科学与伪科学，而在于区分认识论上有根据的信念与无根据的信念，识别和反对"伪科学"都是没有前途的事业，但他实际上将"认知根据"视作了辨析出伪科学的关键。基于此，汉森强调一个陈述是伪科学，需要满足以下的条件：（1）它属于科学（广义上）范畴内的问题；（2）它在认知上是无根据的；（3）它属于某学说，其主要拥护者试图制造出一种其理论有认知根据的印象。因此，科学为我们提供的是当时最具可靠性（最具认知根据）的陈述，而伪科学缺乏认知根据，一旦伪科学的预言失效，或它所制造的认知根据的假象被揭穿，那么它就不得不面临生存问题。参见 Sven Ove Hansson, "Cutting the Gordian Knot of Demarcation", *International Studies in the Philosophy of Science*, Vol. 23, No. 3, 2009, p. 240。

络中，自然与社会维度中的各行动者相互缠绕、相互重构并最终实现相对的稳定性，即形成理论、达成共识并投入生产。由此，科学划界不再是纯粹自然维度的科学与社会维度的非科学/伪科学之间的不对称区分，而是在承认自然和社会的模糊性与互构性的基础上，对称性地区分同时满足自然有效性和社会可接受性的科学，与自然无效且最终丧失社会可接受性的伪科学，其中，自然有效性对于科学与伪科学的区分具有决定性的作用。

因此，技性科学实践的核心特征，或者说科技创业区别于其他事业的认知根据，还在于哈金所强调的实验室科学的自我辩护结构，这种交杂着人类与非人类因素的实验室科学具有自己的生命，①以完整且不断自我修正的实验运作机制维护自身的独立性。具体来说，包括问题、背景知识、对象、仪器、数据及其分析在内的 15 种要素，在实验室中机遇性地相遇，并最终形成一个物质与意识形态之间相互契合的"相对封闭的体系"②，并由此与其他的知识领域区分开来。以 TRH（促甲状腺释放激素）的实验室研究为例，科学家基于 TRH 化学结构的猜想，在实验室内与自然—仪器—社会进行机遇性的集聚，从而化学合成所需要的新客体（TRH）。这一客体不同于人体下丘脑所分泌的微量物质，受制于该实验室研究的地方性条件。在产业化的过程中，TRH 的"试验、分析和鉴定程序已经转化为可供半熟练工人操作的现成仪器"③，实验室地方性条件下的科学理论与实践已经转变为得到市场认可的科技产品，然而 TRH 自身合理性的解释，仍必须依赖于最初的实验运作机制及其有条件性的扩展。

伪科技创业正是缺乏这种认知根据，却又要伪装出自己在认知上有根据的假象，即基于技性科学语境下自然同盟系统与社会同盟系统

① ［加］伊恩·哈金：《表征与干预：自然科学哲学主题导论》，王巍、孟强译，科学出版社 2010 年版，第 121 页。
② ［加］伊恩·哈金：《实验室科学的自我辩护》，载［美］安德鲁·皮克林编《作为实践和文化的科学》，柯文、伊梅译，中国人民大学出版社 2006 年版，第 32 页。
③ ［加］伊恩·哈金：《介入实验室研究的自由的非实在论者（下）》，黄秋霞译，《淮阴师范学院学报》2014 年第 2 期。

的双重重要性，通过强调社会同盟的建立过程来掩盖自然同盟中实验运作机制的缺失。然而一旦它们投入生产，蕴含着主客体杂合过程的产品本身就会透露出问题，如汉芯事件中，陈进不敢将研究成果投放市场实现产业化，是因为他盗用了摩托罗拉的芯片，一旦量产，摩托罗拉公司就会发现。也就是说，实验运作机制一旦被公开，伪科技创业就面临着原形毕露的危机，因而科技创业者往往会采取各种措施，掩盖其实验运作机制的缺失，或延迟它被发现的时间。

由此，为了有效遏制伪科技创业现象的发生，科学共同体必须以实验运作机制为基础的认知根据为同行评议的基准，而不能为创业者所聚集的强大的社会同盟体系所欺骗。但不幸的是，在科技创业的浪潮中，企业会要求其资助的科学研究，通过知识产权、版权、专利权等保密方式来实现经济价值的最大化，如企业会在与科学家所签订的合同中标明保密条款，不允许科学家在未经允许的情况下公开或发表相关的研究过程和成果。这种保密性为伪科技创业模糊处理认知根据、掩盖实验运作机制的不足提供了更多的可能性。所以，要想保障实验运作机制在科技创业中的基础性地位，从源头处揭露出伪科技创业者的各种不轨行为，杜绝伪科技创业现象的发生，还必须借助科学共同体及其机构自身的集体约束能力，从而使科技创业经受相关科学共同体的审查和修正机制的考验。

第三节 建制根源：科学场自律性的缺失

随着学院科学的商业化，科技研发日趋复杂化与专业化，没有经受过标准化科研规训的普通民众（包括决策者、投资者与消费者），根本无法获得完备的科学知识，因而他们对于科创产品的判断主要依赖于科学共同体的共识，特别是那些权威的学术机构。科学共同体及其机构承担了看门人的责任，通过"证实、真实事物的集体产生、协商、妥协、一致化即公开审查批准"[①] 等程序，例行

————————

① ［法］皮埃尔·布尔迪厄：《科学之科学与反观性》，陈圣生等译，广西师范大学出版社 2006 年版，第 122 页。

拒绝那些不满足他们标准的理论或实践，从而将伪科学剔除在科学之外。基于此，诺里塔·考特格强调区分典型的科学与伪科学的一大特征，就在于批判共同体及其机构的存在，它们通过会议、期刊和同行评议来促进交流与批判，而伪科学家只会挑选那些给予帮助的社会同盟或信仰伙伴，① 但是他对于伪科学的认识停留在认知层面，在科技创业的过程中，伪科技创业者更多地潜伏在科学共同体之中，采取各种措施逃避批判。

由此，伪科技创业要想骗取各投资机构的资助，将自身伪装成在认知上有根据，就必须首先投身于科学共同体之中，骗取科学共同体的"承认"，因为企业资助所依据的凭证并不是最终的科创产品，而是对科创项目的未来价值的预判。然而随着后学院科学的涌现，特别是科技创业的兴起，科学的组织、管理及其实施方式都发生了重大的变革，科学共同体不再是库恩所描述的统摄在"范式"的中央集权统治下，与外部世界彻底隔离开的、封闭的、自治的解题团体。这种封闭的体系更多地停留于"认知语境"，并没有置啄科技创业语境下的"应用语境"②。正是在这一背景下，科学共同体的自律性受到了社会的冲击，也为伪科技创业者潜入科学共同体并骗取"同行"的认可提供了可能。

一 以主导者的可信度换取科学场的共识

正如布尔迪厄对于科学共同体现状的描述，科学"主体"其实就是一个充满交往和竞争，通过各种力量相互博弈来保持相对自治的"科学场"③。在这个科学场中，行动者及其组织机构之间的斗争关系服从于特定的社会规范，即"审核事实的一致准则，制定对论点或假

① Noretta Koertge, "Belief Buddies versus Critical Communities: The Social Organization of Pseudoscience", in Massimo Pigliucci and Maarten Boudry eds., *Philosophy of Pseudoscience: Reconsidering the Demarcation Problem*, London: The University of Chicago Press, 2013, p. 177.

② ［美］罗伯特·吉本斯等：《知识生产的新模式：当代社会科学与研究的动力学》，陈洪捷、沈文钦等译，北京大学出版社 2011 年版。

③ ［法］皮埃尔·布尔迪厄：《科学之科学与反观性》，陈圣生等译，广西师范大学出版社 2006 年版，第 57—58 页。

说是否有效的共同方法"①。一方面社会规范具有封闭性，局限在同行评议的竞争之中；另一方面它接受着实在世界（现世权力）的裁决，为整个社会场域的规范所驱动，满足外在世界建立的各种限制条件，特别是市场逻辑。在社会场域中，相互竞争的行动者受其所处位置的客观制约，却又采取各种策略来保持和改变科学场的力量关系，并将最有利于他们产品的等级制度强加于场域之上②。由此，科学场中占据有利位置的行动者，同样会有意或无意地迫使科学的发展最大程度上符合自己的利益，甚至将他们在实践中所遵循的规范强制性地规定为场域中的普遍规范，并由此成为社会规范生成过程中最具权威性的制定者和现有"常规科学"的最有力的捍卫者。这意味着伪科技创业者没有说服科学共同体中所有成员的必要性，只需获得掌握话语权的主导者的承认与支持，以主导者在知识和权力上的垄断性地位来左右科学共同体的共识，从而大大降低了其欺诈行为的风险成本。

二　以制度化资本积累营造纯科学资本增长的假象

基于社会规范的两面性，场域内并存着两种基于科学共同体承认程度的象征性资本，即科学资本：一种是纯科学资本，这种科学本身的权威性资本必须通过实验运作机制才能得以积累；一种是制度化资本，这种资本作为"施加科学场域的现世权力的官僚根源的体现"③，在社会资本（财政资源、行政管理资源等）的作用下形成某种社会等级制度，这种社会等级制度又会对同行评议产生严重影响，如马太效应。尤其随着投资者对于保密的要求越来越高，科学共同体越来越难以准确地把握某行动者所积累的纯科学资本的情况，即难以根据实验结果的公开化展示来衡量其实验运作机制的合理性，进而不得不屈服于"科学家"身份所负载的制度化资本。基于此，伪科技创业者

---

① ［法］皮埃尔·布尔迪厄：《科学的社会用途：写给科学场的临床社会学》，刘成富等译，南京大学出版社 2005 年版，第 37 页。

② Pierre Bourdieu and Loic Wacquant, *An Invitation to Reflexive Sociology*, London：The University of Chicago Press, 1992, p.101.

③ ［法］皮埃尔·布尔迪厄：《科学之科学与反观性》，陈圣生等译，广西师范大学出版社 2006 年版，第 95 页。

首先利用政治家、商业巨头所赋予的社会资本以及媒体宣传所营造出的社会地位，提升自己的制度化资本，如塞拉罗斯现象中，霍姆斯借助基辛格、舒尔茨等政治家的影响力将自己塑造为时代偶像来骗取制度化资本。然后，伪科技创业者基于"制度化资本"的积累来骗取科学资本整体的增长，并试图营造出纯科学资本增长的错觉，从而伪造出在认知上有根据的假象来骗取科学共同体的承认。

三　以效用取向的习性掩盖认知取向的习性

逻辑实证主义认为科学家是自然或理性的绝对服从者，库恩认为科学家是集体意识的奴隶，布尔迪厄却将科学家描述为具备自我性情倾向系统（习性）的能动者。这种形塑着实践却又被形塑的习性，[①]一方面是每位行动者基于社会规范和个人社会经历相互作用，然后无意识地内在化于个体之中的产物；另一方面它表达着科学行动者感知、行动和思考的倾向，蕴含着处理各种问题的实践意识或合适方法，组织着一切经验的感知和鉴赏。基于科学的产业化，效用取向（对能够创造财富的潜在应用价值的追求）越加内化为科学家的习性，不仅成为研发者在产品研发阶段进行价值判断和策略抉择的基本原则，更无意识地影响着专家在同行评议时的大致取向，进而威胁着科学场内认知取向（对真理的虔诚追求）的传统习性。由此，伪科技创业者将自身完全效用取向的市场化习性合法化，以此来掩盖其缺乏认知取向习性的事实，甚至利用传统科学家所塑造出的价值无涉的习性假象来欺骗大众。

可见，社会因素会本然地介入科学共同体的实践活动，从而为伪科技创业现象的发生提供"建制"[②]基础。科学共同体的自律性从来都不是完全的，他们会为伪科技创业者的伎俩所欺骗，不仅无法在第

---

① ［法］皮埃尔·布尔迪厄、［美］罗克·华康德：《实践与反思——反思社会学导论》，李猛、李康译，中央编译出版社1998年版，第184页。

② 拉图尔将"同行的创造"活动称为"建制"，在这一过程中，新客体规划出新的共同体，他们掌握建构新客体的技术、能力和知识并由此实现自治化。参见 Bruno Latour, *Pandora's Hope*: *Essays on the Reality of Science Studies*, Cambridge: Harvard University Press, 1999, p. 103。

一时间揭露出其欺骗性的本质，更会向社会传达不充分甚至错误的信息，从而误导投资机构的决策并造成资源的浪费。因此，基于上述所分析的科技创业时期科学得以运行的"建制"情况，科学共同体必须提升自我约束的能力，以此来抵御外在场域对于科学场的过度干涉。

第四节 技性科学视域中的科学规范

近数十年以来，科学无论是在认识论层面还是建制层面上，都经历巨大的转变，这一转变就是从科学到技性科学的跨时代断裂。其中，伊兹科维茨以"创业型科学的三螺旋结构"来强调大学、工业和政府之间的紧密联系，[①] 而齐曼则以"后学院科学"及其规范来反思学院科学产业化和创业型科学之于伦理道德的挑战。[②] 也就是说，传统的学院科学研究是在与外部的直接干预和责任要求完全隔离开的前提下进行的，因而它遵循着一套既定程序的内在逻辑，这一逻辑作为规范约束着科学行动者的行为，并由此成为一道保护实验活动的高墙。这种纯粹的科学研究依然存在，但是正逐渐被技性科学视域中的后学院科学研究所弱化。后学院科学研究作为一种高度技术化的行为模式，在应用语境中颠倒学术纯粹性的传统，以真理和利益的双重追求为目标，因而各种利益、伦理和制度等考虑都会构成性地影响着技性科学的发展，这意味着传统科学的自我纠正机制无法完全克服后学院科学所产生的各种偏见或不当行为，也就是说，规避和预防伪科技创业现象需要诉诸技性科学视域中的科学规范的力量。

基于 S&TS 视域下的划界研究，在科技创业的实践过程中，科技创业者实际上要经历世界动员（实验室研究、仪器操作）、同行创造（建制、同行评议）、联盟建构（寻求国家或企业资助）、公共表征（公众传播、媒体报道）四个阶段的流动性实践，然后此案才能形成

① Henry Etzkowitz, and Loet Leydesdorff, "The Endless Transition: A 'Triple Helix' of U-niversity-Industry-Government Relations", *Minerva*, Vol. 36, No. 3, 1998, pp. 203 – 208.

② ［英］约翰·齐曼：《真科学》，曾国屏、匡辉、张成岗等译，上海科技教育出版社2002 年版。

上述四个阶段都涉及的联系与结（概念、理论等）。① 伪科技创业者在"世界动员"阶段上的经历是不完善的，却又力图以后三个阶段来掩盖第一阶段的缺失，特别是深入作为第一阶段"看门人"的建制过程中，营造出成功的假象。因此，我们也必须深入科技创业的建制过程之中，充分发挥科学共同体的集体约束性作用。首先，先将科学从价值无涉的客观性偏见中解放出来，因为这种客观性的幻想使得企业资助的科研项目在科学的包装下，进行看似客观中立、普遍有效的知识生产，并以此来逃避所有的社会伦理责任。正如基切尔所认识到的，包括道德、社会以及政治理念在内的各种价值考量，实际上直接进入了科技创业的实践过程之中，由此才能形成具道德导向的"良序科学"②。

其次，针对伪科技创业现象频发背后过度社会化的取向，科学共同体必须推动科学场自律性的发挥，抬高进入科学场的门槛，完善同行评议机制，以此来抵御场域外因素的干预：第一，设立昂贵的"入场券"，以此来减少潜在的伪科技产品生产者的数量，如以数学的掌握程度作为介入科学场的基本凭证；第二，提升纯科学资本在科学场中的分量，特别地，强化纯科学资本在主导者态势形成过程中的决定性作用；第三，培养科技创业者相对非功利性的虔诚，并不断完善科学的信用报酬体系，即将科学共同体的"承认"视作科研成就的象征和奖励，以此来补偿无功利动机的科学活动或惩罚功利动机的弄虚作假行为。

最后，科学共同体还须坚持"一种由他们的科学习性所构成的性向，即一种自反的反观性"③，从而确保自身在社会场域中的位置及其社会关系的客观性，也就是说，科学家团体及其个人必须在自我关注、评价与批判的基础上进行自我否定和对抗。具体来说，科学家需

① Bruno Latour, *Pandora's Hope: Essays on the Reality of Science Studies*, Cambridge: Harvard University Press, 1999, pp. 99 – 108.
② ［英］菲利普·基切尔：《科学、真理与民主》，胡志强、高懿译，上海交通大学出版社 2015 年版，第 141 页。
③ ［法］皮埃尔·布尔迪厄：《科学之科学与反观性》，陈圣生等译，广西师范大学出版社 2006 年版，第 151 页。

要在科技创业的过程中反思自身习性中的利益取向，避免出于个人的信仰、嗜好与性别等要素来研究与评价科学实践，并由此培养认知取向的习性，追寻科学场的自律性。这种认知取向的习性，即默顿为科学家所提出的普遍性、公有性、无私利性与有条理的怀疑论规范，这四条规范作为普遍的精神气质内化在科学共同体的"科学良知"之中，使科学家自发地形成一个高度自治化的"建制"。

但是，默顿过于理想化的规范并不适用于科技创业时期的社会组织，我们还需借助齐曼基于科学知识实际产生和运用过程的自然主义认识论，从而立足于生活世界为科技创业者的"习性"提供本然性的描述。在齐曼看来，随着后学院科学的涌现，科学作为典型且复杂的自组织社会系统，每个方面都与默顿规范相抵触。具体来说，这种产业科学具有"所有者的、局部的、权威的、定向的与专门的"五项特征，科技创业者生产非公开的所有者知识，更关注于局部的技术问题，更多地在权威的管理下做事，更追求于实际的效用，更多地作为专门的问题解决人员被聘用。① 可见，后学院科学更多地为科学之外的团体的社会利益所定义，更容易出现诸如伪科技创业这样的不轨行为，科学实践其实也更需要科学规范的指导和约束，因而在科学—技术—社会一体化的视域中修正默顿规范迫在眉睫。

第一，公有主义规范：默顿规范对于保密的禁令过于苛刻，以至于市场化过程中知识产权（科学家不得立即发布研究成果）的出现对科技创业产生了如此大的冲击，因而必须对传统的科学交流系统进行修正，不再苛求迅速而又全面地公布研究成果，反而更应重视可重复的经验观察等完备性因素，以此一方面为新创业成果的公开提供充足的预留空间，另一方面谨防伪科技创业披上保密的修辞外衣来危害社会。

第二，普遍主义规范：随着科学知识的日益深奥，各科学学科的日益细化，科学不再是任何人都能交流和接受的普遍知识，反而局限在特定的科学共同体内部，甚至于"一个人要想从事科学，就得懂得

---

① ［英］约翰·齐曼：《真科学》，曾国屏、匡辉、张成岗等译，上海科技教育出版社2002年版，第95页。

其地图和模型"①。这种地图和模型类似于库恩的范式，将科学共同体聚集在一起，并促使他们基于接受的一致性的专业训练来对某些事实作出类似的直观判断，由此，那些未接受过专业科学培训且不具备准入资格的伪科技创业者团体被排除在科学之外。

第三，无私立性规范：在科技创业的语境中，科学知识的生产并不依赖于真正的个人的无私立性，反而更为依赖其他规范的有效运作，因为科技创业者在企业利益需求等价值因素的影响下，很难维系无私立性的职业行为。但是这些创业者必须为其生产成果所带来的后果承担应有的责任，不然他们就会丧失在科学上的职业信誉度，一旦他们身上出现隐瞒成果、推卸责任等行为，他们的可信性就会不断流失从而对其科学事业造成损害。

第四，独创性与有条理的怀疑规范：前者是科学进步的制动系统，后者则是科学发展的有效保障。齐曼在默顿的基础上，强化了这两个规范（特别是有组织的怀疑规范）在科技创业实践中所发挥的作用，因为只要独创性与怀疑主义规范得以正常行为，科学场内的主体就能得以自我存疑和相互理解，科学场内的共识和异见就能得以同时促进，那么科学共同体就有可能保证其集体的约束力。

因此，科学共同体需要在同行评议与私下交流的过程中，以批判性的、创新性的视角来审视科技创业活动，不仅对持不同意见者及其实践采取有见地的宽容态度，更要基于对自身共同体负责的态度，对各创业项目进行审慎的讨论和评价，从而避免轻易承认而为伪科技创业者所欺骗的现象出现。最后，在科学规范的基础上，科学共同体应"以开放的胸怀向一种复杂的生命形式无限地接近"②，诚实地将公认的、具体的伦理标准植入默顿所提的精神气质之中，并对这些有关科学家行为的伦理标准进行制度化。基于此，那些伪装成认识上有根据的伪科技创业现象，就再也无法通过非认知因素的介入来规避严厉的自然审判和批判性评价。

---

① ［英］约翰·齐曼：《真科学》，曾国屏、匡辉、张成岗等译，上海科技教育出版社2002年版，第184页。

② ［英］约翰·齐曼：《真科学》，曾国屏、匡辉、张成岗等译，上海科技教育出版社2002年版，第396页。

小结　以划界来审视伪科技创业

不管是在世界范围内的科技创新创业浪潮中，还是在中国"双创"活动的潮流中，都涌现出大量的伪科技创业现象，这不仅直接浪费了科技发展的有限资源，而且间接破坏了公众、产业界和政府对于科技创业活动的信任。因此，有必要通过技性科学视域中的划界模式来揭示与分析伪科技创业现象发生的哲学和社会学根源。从认识论的层面来看，这类现象出现的根源在于过度强调创新创业的社会维度，反而忽视了其本身的科技内涵。在此意义上，本书的考察主要从两个方面展开，一方面，科技创业的社会运作过程要以科技本身的自然或物质运作机制为基础，拉图尔的描述性划界与哈金的干预主义划界中对物质性维度的经验考察，可以为这一层面提供理论视角；另一方面，科技创业需要科学共同体的制度性规范的约束，布尔迪厄的科学"自律性"概念指出了规范约束的重要性，但他并未给出这种规范约束的具体内涵，在此意义上，齐曼的工作可以作为一个很好的补充。也就是说，伴随着科学—技术—社会的一体化，一是在描述性的划界层面上，自然有效性的丧失为伪科技创业伪装成认知上有根据提供了认识论根源；二是在规范性的划界侧面上，科学场自律性的缺失为伪科技创业者骗取科学共同体的承认提供了"建制"基础。基于此，在科技创业实践过程中贯彻以实验运作机制为基础的认知根据，并依靠融入当下创业型科学情境的科学规范，可以在根源处规避伪科技创业现象的发生，这也正是当代 S&TS 视域下科学划界的任务。

第五章　S&TS 视域中资助 效应的边界冲突

伴随冷战的结束与意识形态对立的新形势，新自由主义把"市场的逻辑"推向科学研究，并深刻影响着科学的组织、体制与文化的变迁。基于这一学院科学的市场化趋势，科学家、产业界与公众等多元利益主体之间形成了一种新型的互动关系，这种交互性的创新模式可以从不同的出发点，将技术推动和市场拉动模式结合在一起。① 也正是在这种交互性网络建构过程之中，科学所特有的"有效的批判互动"② 也难以规避产业界经济利益的过度介入，继而导致科学行动者做出结果偏倚的判断，甚至引发各种不端行为（疏忽或渎职）。在此意义上，资助效应所带来的风险，不仅在于企业资助之于科学研究的偏见性导向，还在于这一现象之于科学客观形象的颠覆，一旦学院科学允许科学活动为企业的盈利目标所驱动，那么科学的自主性与权威性地位就会受到严重的挑战，进而引发科学公信力的危机。因此，在评估药物安全或判定全球气候变化等风险决策时，有必要认真审视与追踪科学活动中的资助效应，并在当代 S&TS 视域下对这一现象发生的认识论机制与社会学根源进行深入的追踪与分析，以此在"认知之真"与"社会之善"之间找到一个平衡点，规避技性科学在实现认知上的可辩护性与市场上的可接受性时的边界冲突。

---

① Henry Etzkowitz, *MIT and the Rise of Entrepreneurial Science*, London and New York: Routledge, 2003, p. 112.

② ［美］海伦·朗基诺：《知识的命运》，成素梅、王不凡译，上海译文出版社 2016 年版，第 167 页。

第一节　宏观：技性科学中的资助效应

伴随着创业型科学的兴起，学院科学已经让位于一种学术科学与产业科学相互交融的产业化杂交模式，齐曼将这一变化称为"后学院科学"①。后学院科学的产业化特征之一就在于，私人研发资金之于学术研究的全面渗透，使得企业资助者、学术界科创人员与研究型大学之间发展出一种具有争议性质的利益联结关系。而这一新型的社会关系反过来又不断重构着科学共同体与营利性机构之间的行为取向，并引发科学的求真性与资本的逐利性之间的利益冲突。

一　学院科学与产业界的交互创新模式

在传统的知识生产模式中，研究型大学负责科学发现和理论突破等基础研究，产业界负责技术转移和市场推广等应用研究，前者以自然的超验性来保障科学知识的真理性，后者以社会的建构性来满足企业的利益动机。这种从知识通向技术而技术又满足社会需求的线形扩散模式，在基础研究与应用研究之间截然二分的基础上，表现出一种有序的、等级分明的单向交流过程，继而通过排除一切情境性因素的介入来保障学术价值观的纯粹性。但是随着后学院科学的涌现，"从学术研究到实际应用的线形创新模式"为"非线形的交互创新模式"② 所替代，后者在维系基础研究与应用研究之间边界的开放化与模糊化的基础上，呈现出一种无序的、自然和社会共同弥漫的交互网络模式。

在此意义上，包括科学家、资助者、盟友、雇主、顾客在内的各种异质化从业者，在更广阔的、情境性的实际语境中彼此紧密连接并相互协作，这一实践之网中充斥着各种"谈判、协商……直到各个参

---

① ［英］约翰·齐曼：《真科学》，曾国屏、匡辉、张成岗等译，上海科技教育出版社2002年版，第82页。

② Henry Etzkowitz, *MIT and the Rise of Entrepreneurial Science*, London and New York: Routledge, 2003, p. 19.

与者的利益都被兼顾为止"①。这一商业化模式为知识、技术和社会之间的新型互动联络创造了条件，越来越多的磋商发生在科学与社会的边界上并最终将所有网络联结为一个整体，因此，知识生产的场所及其交流网络不断扩展，非大学的研究机构、政府的专业部门、企业的私营部门以及咨询机构等主动参与其中并越发变得相互"可渗透"。基于此，以 1140 篇论文的数据统计为研究对象，产业界资助的研究比非产业界资助的研究更容易得出赞助商有力的结论。② 例如，以 1989—1995 年发表的关于化学品健康影响的文章为研究对象，在其统计的由企业赞助组织的 43 项研究中，6 项对健康影响不利；5 项有混合或矛盾的发现；32 项表明化学品没有危害。相对应地，没有得到企业赞助的 118 项研究中，71 项发现了对人类有害的化学物质；27 项研究结果良好；20 项研究结果矛盾或难以定性。③

　　正是在学院科学与产业界的交互性建构过程之中，本应分属于基础研究与应用研究的"科学研究行为"与"企业资助"呈现出显著的关联性，一是企业与科研人员、学术机构之间存在着经济关系，二是企业资助的科学研究往往倾向于得出支持企业利益的结论。例如，比较新旧疗法的疗效，与非营利性机构资助的临床试验（61%）相比，制药公司资助的研究（89%）与"新疗法的偏好"关联性更为紧密，因为新疗法意味着新的专利保护以及更多的利润收益。④ 同样地，关于新药的成本效益分析，制药行业资助的肿瘤药物研究，得出不利的定性结论的可能性（5%），远远低于非营利性资助的研究（38%）⑤，因为积

　　① ［美］罗伯特·吉本斯等：《知识生产的新模式：当代社会科学与研究的动力学》，陈洪捷、沈文钦等译，北京大学出版社 2011 年版，第 2 页。

　　② Justin E. Bekelman, Yan Li, and Cary P. Gross, "Scope and Impact of Financial Conflicts of Interest in Biomedical Research: A Systematic Review", *Journal of the American Medical Association*, Vol. 289, No. 4, 2003, p. 463.

　　③ Dan Fagin and Marianne Lavelle, *Toxic Deception*, Secaucus, N. J.: Carol Publishing Group, 1996, p. 51.

　　④ A. D. Richard, "Source of Funding and Outcome of Clinical Trials", *Journal of General Internal Medicine*, Vol. 1, No. 3, 1986, p. 156.

　　⑤ Mark Friedberg, Bernard Saffran and Tammy J. Stinson et al., "Evaluation of Conflict of Interest in Economic Analyses of New Drugs Used in Oncology", *Journal of the American Medical Association*, Vol. 282, No. 15, 1999, p. 1455.

极的经济评估决定了被证明是安全有效的产品的成败。因此，大量确凿的经验性研究表明，产业界的私人资助可能会对科学行动者的选择和判断造成偏见性的影响，使得研究成果偏向于资助者的利益，这一由于行业资助所引发的偏见模式被称为资助效应（funding effect）。

也就是说，在烟草、药物经济学和化学毒性研究中，一系列经验性研究表明，私人资助的研究和公共资助的研究，其结果存在着显著的不同，在此意义上，资助来源成为衡量科学研究偏见的一大指标，或者说是导致产品评估结果差异的一大要素。与非营利性机构相比，营利性企业的资金来源与研究结果的相关性的确比较显著。例如，行业赞助的药物试验往往得出支持行业的结论，更有可能推荐试验性药物作为治疗选择，与制造商相关的药物总是被报道为优于或媲美于对照组药物，甚至在副作用方面缺乏试验数据的支持。这种偏见性出现的可能原因，一是行业赞助的药物试验可能进行了更多的内部试验，已经筛选出效果较差的药物；二是行业赞助的试验的确受到了偏见的驱动，更倾向于产生肯定性的研究结果。

一个典型的资助效应案例就是美国烟草业的"烟雾弹计策"，针对有关吸烟的健康风险的科学证据，烟草公司雇佣公共关系专家或伪独立组织来扮演科学赞助者，以签约学术科学家的名义资助辛格（Fred Singer）、塞茨（Fred Seitz）等科学家与环保署抗衡：一方面，他们以雇佣科学家、资助科研活动的形式，确立反科学证据、指派专家证人以及举办相关会议，他们支持研究引发癌症的其他原因，以此来制造公众之于吸烟与癌症之间因果关系的怀疑，并挑战正在形成的、关于吸烟有害的科学共识；另一方面，他们通过聘请公关公司，创建一个"烟草业研究委员会"，并将其伪装成一个类似于研究共同体的健康研究组织，而非服务于行业的商业研究机构。这一委员会的成员不断地在论坛稿件、编辑公开信、主流期刊文章中进行投诉并提供所谓的事实，营造出融入科学共同体内部的假象。① 由此，吸烟与公共健康之间的对立被转化为两大利益取向相悖的敌对阵营，"一个

---

① ［美］内奥米·奥利斯克斯、埃里克·康韦：《贩卖怀疑的商人》，于海生译，华夏出版社 2013 年版。

是受到烟厂资助的赞成吸烟的研究，一个是反吸烟团体资助的反对吸烟的研究"，这两大辩护团体都不能被视作"中立、公正和无偏见的"，而是"高度社会化和相对偏颇的"①，进而破坏公众之于反吸烟团体的信任，使相关科学组织丧失独特的权威性地位。

二 科学家与企业赞助者之间的边界冲突

面向产业化的研发导向，当代科学资助模式发生了根本性变化，学术研究中产业资金支持所占比例逐年上升，例如截至 2004 年，美国超过 60% 的研发经费是由私人企业资助的。② 在企业赞助的科研活动中，产业界借助于商业资助的外在形式，主动介入这一科学—技术—社会一体化的交互网络体系，其主要旨趣在于将学院科学转化为企业发展的创新动力，并服务于企业盈利的目的。具体来说，企业的私营部门开始不再局限于以现货供应——只负责为学术中心提供资金而后静待科研人员的研究成果——的方式，滞后且被动地引进专家知识来实现技术创新，而是强势介入实验室科学研究的每一个细节之中，以此来保证其所资助研究的最终结论的价值取向是可控的。

但是问题在于，这种广泛参与大大扩展了偏见行为出现的可能性空间，因为企业资助方为了满足自身的既得利益，可能会采取各种措施来隐瞒或歪曲科学发现，包括操纵有倾向性的研究设计、篡改或伪装数据、选择有利的数据来分析、以有利的"诠释"方法来解读数据、阻挠负面结果的发表等。③ 举例来说，在实验设计之中，制药公司会要求研究人员将它们的新药与安慰剂进行比较，而不是与已上市的旧药进行比较，进而保障那些模仿性创新药的药效有效性。比如，一项没有受到制药公司赞助的"抗高血压和降脂治疗预防心理病实验"，比较了新药钙离子阻断剂 Norvasc 与旧药利尿剂的疗效，其最终

---

① ［美］戴维・B. 雷斯尼克：《政治与科学的博弈：科学独立性与政府监督之间的平衡》，陈光、白成太译，上海交通大学出版社 2015 年版，第 36 页。

② ［美］戴维・B. 雷斯尼克：《真理的代价：金钱如何影响科学规范》，蔡仲、韦敏译，南京大学出版社 2019 年版，第 3 页。

③ ［美］戴维・B. 雷斯尼克：《政治与科学的博弈：科学独立性与政府监督之间的平衡》，陈光、白成太译，上海交通大学出版社 2015 年版，第 107 页。

的实验结果是，旧药不仅降血压效果好且更好地预防了高血压带来的心脏病、中风等严重的并发症。但是通过产业界的市场推广，新药早已代替利尿剂成为治疗高血压的常用药物。①

相对应地，营利性目标构成性地改变着学院科学的本质及其科研日常，之前不屑于产业资金的科研行动者，开始通过校企合作、技术转让、专利申请或许可等机制来寻求资金，以此在产业界的支持下生产更具商业价值的科创产品。这种资助关系不仅包括科学家受雇于公司或签订劳动合同，还包括企业允许科学家拥有知识产权、授予科学家公司股份或股票期权，甚至包括科学家本人创办初创企业。这一新的产业链为学术机构创造了新的收入方式，并引发了创业精神的急剧增长，一是研究型大学在其组织运作方式上日益趋向追求利润目的的商业公司，"设立技术转移办公室，对教师的潜在盈利性发现进行监测、申请专利和颁发许可证"；二是大学"开始将自身视为拥有股权的新公司的孵化器"②，越来越多地成为营利性企业的股权合作伙伴，两者共同分享科学家发现的专利的知识产权。但也正是这一经济利益关系使得科研行动者与学术机构处于妥协的地位，进而难以保障自身包括全面参与实验设计、不受限制地获取数据或解读数据、自由地发表研究结论等科学活动在内的自主权。进一步地，如果企业赞助者的经济利益与科学的求真性诉求发生利益冲突，个体行动者可能会为了回报其经济收益，自愿成为产业部门的"雇佣枪……千方百计地误导公众甚至阻挠管理机构的管制"③，默许产业界滥用其学术声望。

第二节　微观：技性科学中的利益冲突

从微观的角度来看，技性科学中的资助效应在科学行动者个体及

①　[美] 玛西娅·安吉尔：《制药业的真相》，续芹译，北京师范大学出版社 2006 年版，第 72—74 页。

②　Sheldon Krimsky, *Science in the Private Interest*: *Has the Lure of Profits Corrupted Biomedical Research*? Lanham: Rowman and Littlefield, 2004, p. 81.

③　Daniel S. Greenberg, *Science for Sale*: *The Perils*, *Rewards*, *and Delusions of Campus Capitalism*, Chicago and London: The University of Chicago Press, 2007, p. 3.

机构处具体表现为利益冲突（Conflict Of Interest，简称 COI），也就是说，经济（或其他）利益的过度介入，不可避免地会导致科学行动者个体最终做出结果偏倚的判断，进而引发各种不端行为（疏忽或渎职）①，正是这一利益冲突导致了科学行动者处于求真（科学性）与逐利（社会性）的边界冲突之中。在大科学模式的科研体制之中，学院科学依赖于非营利性的集体性资助，虽然政府对特定结果可能存在既得利益，但是资助和同行评议过程相对透明，基础研究也不会表现出对塑造某种意识形态的利益倾向性。但是在创新型科学模式下的产学研联动体系之中，这种与个人经济利益相关的偏见是相对隐蔽的，然而却比学术科学家在基础研究与应用研究中的正常利益介入更为危险，一旦经济利益因素渗入科学研究过程之中，研究者潜在的偏见就有很大可能变成利益冲突，甚至变成科学欺骗，以此欺骗大众并获取社会利益。

一 求真与逐利的边界冲突

近几十年来，在学术—产业综合体形成的过程之中，伴随着科学家及其大学在商业角色上的改变，"教授企业家"越来越多地出现，学术机构也越来越多地将新知识转化为可销售的产品，这意味着学术科学家与市场之间的关系发生了变化，学术价值观与企业家精神之间也开始纠缠在一起。这些教授企业家一手在大学，从事于教学、学术研究以及同行评议等学术工作；一手在公司，从事于开办初创企业、在企业任职甚至与媒体、政府打交道的经营工作。他们在学术机构与产业界之间进进出出，以学者的声望来推进公司的利益，并以经济收益来维系学术研究。也正是在这一过程之中，科学家及其机构开始经历科学性与社会性之间的边界冲突和职业身份危机。具体来说，学术科学家作为寻求科学与商业之间关系的积极推动者，发展出了四种与新兴知识互动的不同模式：第一，传统型的科学家，从事于边界的隔离和排斥；第二，传统混合型的科学家，从事于边界的试探和维持；

---

① ［美］戴维·B. 雷斯尼克：《真理的代价：金钱如何影响科学规范》，蔡仲、韦敏译，南京大学出版社 2019 年版，第 109 页。

第三，创业混合型的科学家，从事于边界的协商与拓展；第四，企业家型的科学家，从事于边界的包容与融合。① 可见，有些科学家坚持基础研究的传统规范并坚决抵制商业对科学实践的侵蚀，但另一些人却表现出明显的企业家倾向，积极参与科学和商业的合作。在旧与新的两个极端位置之间，大多数科学家表现出一种混合倾向，尤其擅长在科学和商业之间的模糊边界上，划定自己的社会空间以进行战略操控。

（一）学术创业中的利益冲突：科学家兼企业家

1999 年 9 月，宾夕法尼亚大学医学院开展了一项新型的基因疗法试验，这项高经济风险的医疗试验最终造成了年仅 18 岁的杰西（Jesse Gelsinger）的悲剧性死亡。杰西患有罕见的肝脏代谢紊乱症，这一病症的患者大部分死于婴儿期，但他通过合理搭配饮食和药物治疗有效控制了病情。后来，当被告知新型的基因疗法可以用于治疗患有此类紊乱症的婴儿，杰西志愿加入了这项有关基因工程病毒治疗的试验。试验过程中，该大学人类基因治疗研究所威尔逊（James Wilson）所领导的研究小组，给杰西注射了某种纠正基因缺陷的腺病毒载体（Adenovirus），但是杰西对这一腺病毒载体产生了强烈的免疫反应，脏器功能损伤严重并于 4 天后脑死亡。② 这是第一例直接归因于基因治疗的死亡，研究过程中的确存在着诸多违背道德和法规的行为，包括杰西所签署的知情同意书没有涉及腺病毒载体的毒性反应，研究人员未向美国食品药品监督管理局（FDA）等机构报备动物和病人的不良事件等。

但是这些不当行为出现的症结还在于，威尔逊、宾夕法尼亚大学与这项药物试验之间存在着重大的经济利益关联：威尔逊作为这项学术研究的主要负责人，拥有其初创企业吉诺瓦（Genovo）公司的股票期权，而吉诺瓦公司又是该项目的私营部门的生物技术合作伙伴，通

---

① Alice Lam, "From 'Ivory Tower Traditionalists' to 'Entrepreneurial Scientists'? Academic Scientists in Fuzzy University-Industry Boundaries", *Social Studies of Science*, Vol. 40, No. 2, 2010, p. 318.

② Julian Savulescu, "Harm, Ethics Committees and the Gene Therapy Death", *Journal of Medical Ethics*, Vol. 27, No. 3, 2001, p. 148.

过资助科研经费来享有相关试验和商业产品的专利权和独占许可权。①也就是说，威尔逊这一临床试验中的医生，"在承担基础研究或临床研究工作的同时……与资助公司或其出品之药物/设备正在接受评估的公司之间，存在财务、经营管理或所有权等方面的利益关系"②。这一经济利益关系导致威尔逊及其合作者在判断决策的过程中出现偏倚，进而引发各种不端行为，其后果不只是人类参与者的死亡，更是公众对学商交易的质疑以及基因治疗黯淡的研究前景。在此意义上，威尔逊以及其他负责试验的临床研究人员处存在利益冲突，而正是由于试验前未能充分披露或合理规避这一冲突，科学研究者才有机会介入实验性治疗，继而触犯研究的认识论、伦理或法律标准。

（二）科学决策中的利益冲突：公正的专家

20 世纪 80 年代以来，越来越多饱受硅胶植入物后遗症折磨的美国女性声称，植入性隆胸手术中所使用的硅胶会从植入物中渗出，这可能与她们风湿病和免疫病的病发有直接关系，并以此对美国百时美施贵宝等公司发起了受硅胶植入物伤害的诉讼。鉴于这一案件涉及了大量有争议的科学发现、医学主张和专家意见，美国联邦法院为此任命了一个名为"硅胶乳房植入国家科学小组"的专家委员会，其职责在于"评估与乳房植入物诉讼中疾病原因问题有关的科学文献和研究"③。这一国家科学小组中包括了一位医学专家特格韦尔（Peter Tugwell），但是问题在于，特格韦尔在入选科学小组前后与多个作为诉讼当事人的公司进行了接触，如入选后与百时美施贵宝签订咨询合同和临床试验合同。原告律师认为出于利益冲突的考虑要求撤销对特格韦尔的任命，但是通过对特格韦尔所披露情况的伦理审查，最后法官裁定，特格韦尔目前或过去没有任何的行为会损害其中立的、客观

① Sheryl Gay Stolberg, "University Restricts Institute after Gene Therapy Death", *New York Times*, May 25, 2000, A18.

② Daniel S. Greenberg, *Science for Sale: The Perils, Rewards, and Delusions of Campus Capitalism*, Chicago and London: The University of Chicago Press, 2007, p. 6.

③ B. S. Hulka, N. L. Kerkvliet, and P. Tugwell, "Experience of a Scientific Panel Formed to Advise the Federal Judiciary on Silicone Breast Implants", *New England Journal of Medicine*, Vol. 342, No. 11, 2000, pp. 812 – 815.

的、公正的判断,因此不取消他作为法院指定专家的资格。特格韦尔承认他与涉及该案件的诉讼当事人建立了积极的财务关系,但是这些关系与硅胶乳房植入这一事件无关,因此这并不代表他参加专家小组时是处于利益冲突之中的。法官认为尽管专家组成员与案件当事方之间存在着包括经济报酬之间的公认关系,但他已经受到了利益冲突的充分披露,而且在涉及医药和医疗器械的情况下,学术界并不存在完全中立的证人或专家,相对而言,特格韦尔与诉讼当事人是积极的财务关系,是诉讼的诚实当事人。

(三) 科学机构中的利益冲突:诚实的学术机构

基于创业型科学的趋势,学术机构开始降低利益冲突标准来获取经济回报,即通过放宽伦理审查的道德标准来改善私营部门向大学的资金流动。一项针对美国 127 所医学学院和 170 所研究机构的调查表明,大学关于利益冲突的指导方针之间存在着显著的差异,但对于冲突的管理和对不披露的惩罚却是相当随意,甚至有 14 个受访者声称其机构没有任何关于利益冲突的政策。[①] 可见,大学在管理利益冲突的初步披露方面普遍缺乏强制性战略,也就是说,大学的确会允许调查人员审查科学行动者是否遵守学校的利益冲突政策,但是对于教师活动的实际监控却是不存在的,管理利益冲突更多的是在表面上避免给教授的创业实践带来任何的困难。

特别地,伴随着学术机构和非营利性研究中心越来越多地成为营利性企业的股权合作伙伴,大学负责管理其教师的利益冲突,但却没有机构负责管理大学自身的经济利益冲突。以波士顿大学为例,这所大学与其附属公司 Seragen 保持着密切的经济联系,大学及其董事会的个别成员,甚至包括其教员都拥有这家营利性公司的大量股权。[②] 在此意义上,大学这一曾经被认为是利益相关群体之间冲突的中立方,现在也加入了利益关系的行列,而在公共政策争议领域,这样的

---

① S. van McCrary, Cheryl B. Anderson, and Jolen Khan Jakovljevic et al., "A National Survey of Policies on Disclosure of Conflicts of Interest in Biomedical Research", *New England Journal of Medicine*, Vol. 343, No. 11, 2000, p. 1627.

② David Blumenthal, "Growing Pains for New Academic/Industry Relationships", *Health Affairs*, Vol. 13, No. 3, 1994, pp. 176 – 193.

大学再也难以在企业和公共部门之间充当诚实的中介人。特别地，在公众的视野中，大学及其教师会广泛参与向政府机构提供专业知识的公共事务，并对涉及其专业知识的、有争议的公共问题进行独立的批判性思考和分析。因此，如何找到一种有效的方法来避免利益冲突的出现，是大学作为诚实的中介人在创业型科学视域中所面临的最大的挑战之一。

二　利益介入与行为偏向

一种典型的科学研究中的利益冲突具备以下特征：首先，科学家或研究机构具有（私人）、经济、（职业）或政治利益；其次，这些利益极大可能在其科研活动中，使得一般科学家的判断或一般研究机构的决议产生偏倚；最终，在一般的外部观察者的视野中，他们有理由认为科学家或研究机构疑似陷入了利益冲突。[①] 举例来说，当比较药物 A 和药物 B 的疗效时，一旦研究员拥有大量药物 A 公司的股份，那么他就会倾向于作出药物 A 优于药物 B 的判断，这就是利益冲突。这种科学活动中的利益冲突，一是集中在科学家或机构主体内部的专业判断领域，表现为一种私人利益干扰本人在科研行为中作出符合公众利益的专业判断的倾向性；二是表现为关于主要利益的判断（如患者的合法权益）受到次要利益（如科学家的经济利益）的过度影响；[②] 三是这种冲突更多地体现为一种情境性存在的客观境况，并不必然指称确已发生的不端事实，问题的关键仍在于如果不对利益冲突加以控制，那么就会引发科学中的越轨行为。其中经济利益冲突（Financial Conflicts of Interest，简称 FCOI），指称那些研究者将资助者的经济利益内在化所导致的偏见。一项根据国际医学杂志编辑委员会（ICMJE）标准的调查表明，药物治疗研究中 38.7% 的作者处存在利益冲突；处于利益冲突中的研究人员在药物治疗研究中产生阳性结果（$P < .001$）的概率是没有涉及经济利益冲突的患者的 2.64 倍，60

---

① ［美］戴维·B. 雷斯尼克：《真理的代价：金钱如何影响科学规范》，蔡仲、韦敏译，南京大学出版社 2019 年版，第 109—115 页。

② D. F. Thompson, "Understanding Financial Conflicts of Interest: Sounding Board", *New England Journal of Medicine*, Vol. 329, No. 8, 1993, p. 573.

项有 FCOI 的药物研究中仅有一项为阴性，而 59 项没有 FCOI 的药物研究中有 21 项为阴性。[①]

（一）冲突的潜因：利益的介入

针对这些由个人利益所引发的有偏见的、错误的、不可靠的科学判断，斯塔克在《公共生活中的利益冲突：利益冲突行为剖析》一书中，具体归结为从"先发行为（Antecedent Acts）"到"心理状态（States of Mind）"再到"偏袒行为（Behavior of Partiality）"的三阶段进程。第一阶段呈现为促使某一主体的心理状态倾向于偏袒的外在因素，如研究者持有某一公司的股份，该公司又对其研究予以资助；第二阶段呈现为前因行为所培养的走向自我膨胀和偏袒的精神状态，包括有意识的选择和设计与无意识的倾向性和亲近感；第三阶段呈现为偏袒心理所导致的决策行为，这种结果行为可能导致以牺牲公众利益为代价的自我膨胀。[②] 当从业人员的行为触犯伦理、道德或职业规范，反而与先发行为的利益相关者存在可疑关系，那么其行为是不道德的（无意的失误或疏忽）甚至是非法的（有意的不端行为）。

但是只有确切证实某一行为是由礼物、好处或令人不安的关系所造成的，该行为才会被判定为存在利益冲突。也就是说，从最终的偏见性决策的后果出发，并不能直接推断出这一决策就是由于政策制定者与其他利益相关者之间存在可疑关系所造成的。在此意义上，斯塔克认为利益冲突主要源于个人财政利益对官方判断——官员为公共利益作出决定和采取行动的能力——所造成的妨碍。[③] 尽管外在的监管无法保障官员在心理上能够克制或注意到自身的利益倾向性，但却有能力预防性地禁止公职人员持有某些利益或在某些情况下接受礼物的行为，比如要求公职人员及候选人披露其财务资产，进而以批判和怀疑的态度来看待这些在公共决策中所披露的相互冲突或自我膨胀的

① L. S. Friedman and E. D. Richter, "Relationship between Conflict of Interest and Research Results", *Journal of General Internal Medicine*, Vol. 19, No. 1, 2004, pp. 51, 55.

② Andrew Stark, *Conflict of Interest in American Public Life*, Cambridge: Harvard University Press, 2000.

③ Andrew Stark, *Conflict of Interest in Canada*, *Conflict of Interest and Public Life*, New York: Cambridge University Press, 2008, p. 128.

利益。

伴随着学院科学的现代转型，这些利益冲突行为开始弥漫在学院科学与产业界的交互过程之中，如果科学家在研究过程中受到某种利益的介入性影响，那么其科研成果很有可能倾向于该利益的价值取向。可见，利益冲突广泛存在于公共道德的许多领域，法律界、政府官员、金融组织和新闻机构都对这种冲突有严格的指导方针，但这一现象的明确提出对于科学与医学研究界来说相对较新，公众甚少关注研究中存在利益冲突的科学家及其行为。特别地，科学行动者对自身利益冲突的普遍认知，不同于参与公共生活的从业者，自认为其任务在于通过表征自然世界来追求客观知识，因而自然的超然性保证了利益相关性无法取代科学客观的评价机制，利益冲突只是公众对于科学的信任问题，科学家的精神气质以及科学共同体的同行评议保障了科学的自律性。也就是说，科学行动者自认为凭借社会学意义上的划界活动，他们足以将非科学的理论及其行为排除在科学之外，但是在当代 S&TS 视域下，特别是在公众关注的敏感领域，大学创业精神的迅速增长导致利益冲突空前膨胀，这对传统的划界理论提出了挑战。

（二）冲突的进程：行为的偏向

福柯描述了作为当代"知识型"的"人"是如何在历史的过程中，通过"个人隔离和建立等级关系的政治—道德模式，把力量用于强制工作的经济模式，使医治和使人正常化（规范化）的技术—医学模式"建构自身成为理性主体的。基于医院、监狱或学校等机构的全景敞视主义的规训机制，通过知识、权力、伦理这三条轴线，将道德、权力和利益等潜移默化地全面渗透到行动者日常的情感、立场、措辞及其行动之中。[①] 正如福柯所言的，科学活动并不存在所谓的客观可靠的标准，之于自然的认知中不可避免地渗透着行动者个体及其机构的价值和偏见，这种社会与道德因素内在于科学实践。但是利益冲突的问题主要在于，尽管科学行动者之于研究成果可能并不公正，但是他们会表现出一种不让偏见影响其实验调查、数据分析与结果解

---

① ［法］米歇尔·福柯：《规训与惩罚》，刘北成、杨远婴译，生活·读书·新知三联书店 2012 年版，第 277、235 页。

释的假象，以此来躲避外在的伦理审查和内在的同行评议。

具体来说，研究偏见（bias）包括了结构性的偏差和不适当的科学不端行为，结构性的偏差强调通过采取规范或方法来影响研究的效果，包括潜在地偏爱某一类型的理论框架等。这种结构性偏差类似于马丁（Brian Martin）在《科学的偏见》中所提到的"偏见"，马丁认为有偏见的研究等同于受社会和政治力量制约、依赖于判断和人类选择的价值负载的研究。科学永远不会是无偏见的或价值无涉的，很多有系统偏见行为的研究者后来被证明，更多的是为错误的假说或理论进行辩护，而不是故意犯错或试图欺骗受众。[1] 不同的是，不适当的科学不端行为往往表现为，在某一科学的科学家的共识看来，方法的运用、数据的收集、数据的分析或结果的解释，往往会产生歪曲某一正在考虑的假设的真实性、削弱或否定知识主张的可靠性的效果。[2] 这种偏见会直接歪曲事实，因而科学家必须意识到这一偏见的存在，并在可能的情况下预防或消除它。然而直到最近，科学共同体才将注意力转向利益冲突并将其视作偏见的来源，也就是说，科学家最近才意识到，产业化试验与非产业化试验结果差异的潜在原因之一就是，研究者将资助者的经济利益内在化所导致的偏见。

综上所述，企业资助确实可能会对相关行动者作出判断、采取行动的能力造成一定的负面影响，但是后学院科学中的地方性互动所带来的经济利益的介入，以及这一前因行为所导致的情感倾向性或亲近感本身并不直接产生负面效应，并不能作为产生偏见行为的决定性证据，消除科学中的企业利益的介入并不能使科学在伦理上变得纯粹，也不符合求真性与逐利性相交织的科学产业化的必然趋势。那么，为什么资助来源与偏见行为之间会出现如此显著的强关联性？问题的关键还在于，后科学实践语境下的科学实践为何难以在营利性的实用导向与科学性的学术旨趣之间保持相对的平衡，以至于逐利性遮蔽求真性而引发资助效应。具体来说，这一求真性与逐利性之间的平衡，在

　①　Brian Martin, *The Bias of Science*, Canberra：Society for Social Responsibility of Science, 1979.

　②　Sheldon Krimsky, *Conflicts of Interest in Science：How Corporate-Funded Academic Research Can Threaten Public Health*, New York：Hot Books, 2019, p. 564.

认识论层面上表现为技性科学实践中认知上的可辩护性与社会的可接受性之间的共构，在社会学层面上表现为科学共同体活动中自律与他律之间的张力。

第三节　认识论：技性科学实践的描述性进路

基于后学院科学的市场化趋势，行动中的科学除了传统的纯粹认知的追求外，还增加了另一种使命——创新创业，由此驻足于地方性情境之中进行行动性交流的科学实践，呈现出一种融科学、技术与社会为一体的技性科学。这种技性科学研究颠覆了传统科学哲学的认识论框架，科学行动者不再以观察者的视角表征外在的自然世界，而是以参与者的身份介入更为广阔的开放性网络之中，前者通过自然和社会的截然二分，将所有涉及制度、利益和伦理的地方性情境排除在科学之外，却并不符合后学院科学活动的真实运作机制，因而传统的认识论辩护机制无法承担起抵御当代资助效应泛滥的重任；后者则扎根于"社会与自然的本体论混合状态"，描述性地展现科学事实、技术人工物生产所经历的一切转译，以及维系科学有效性所需要的一切自然和社会力量，以此为追踪后学院科学所带来的求真与逐利之间的冲突，提供一种以技性科学研究为基础的认识论机制分析。

一　技性科学中自然与社会网图的互构

在技性科学的语境中，科学、技术与社会之间维系着一种开放且模糊的边界，科学行动者通过实验室内外的磋商、征募、联盟等转译活动，将联系与结（科学概念和内容）、世界的动员（实验室研究、仪器操作）、同行的创造（同行评议、建制）、联盟的建构（政府或企业资助）、公共的表征（公众传播、媒体报道）共同联结在一起，[1]最终这些围绕在科学事实和技术人工物周围的、彼此联结的、相互流通的行动者网络，赋予了科学与技术产品以社会和自然的双重有效

---

[1]　Bruno Latour, *Pandora's Hope：Essays on the Reality of Science Studies*, Cambridge：Harvard University Press, 1999, p.108.

性。以疫苗 Remune 为例，1996 年，加利福尼亚大学的卡恩与拉哥科斯博士与一家生物科技公司（免疫反应公司）签订合约进行一项药物性实验，以测验药物 Remune 是否对治疗艾滋病有效。[①] 这项临床试验能否取得成功，依赖于卡恩与拉哥科斯博士、免疫反应公司、疫苗 Remune、艾滋病患者与各医药中心等要素之间不断磋商所形成的复杂网络的建构，这一转译链的连续性和完整性构成了疫苗 Remune 是否有效的哲学基础。

可见，科学有效性的实现必须由完整且共构的自然网图与社会网图共同维系，并且两者还须在交互中不断重构自身，自然同盟的每一次变更都要在社会同盟中造成对一种局限性的克服，反之亦然。由此，自然网图以认知的可辩护性来确保科学的求真性，社会网图以社会的健全性来满足科学的逐利性，两者缺一不可且不可分割，否则要么陷入以社会的超然性解构科学认知权威性的社会建构论进路，要么陷入以纯粹理性的认知范畴规避社会性介入的经验主义进路。一方面，技性科学实践的内在特征仍在于哈金（Ianhacking）所强调的实验室科学的自我辩护机制，正是这一实验运作机制赋予了科学以认识论上特殊性的地位。具体来说，包括数据、理论、实验、现象、仪器、数据处理等 15 种要素以彼此匹配和相互辩护的方式共同发展，生成性地构成了"一个理论形态、仪器形态和分析形态之间可以彼此有效调节的整体"[②]，在这一成熟的实验室科学中，无论是物质性的实体和现象，抑或意识性的思想和理论，在仪器运作、实验操作等过程中都致力于实践中一种共生的权益性事实的建构，进而实现科学风格中最成熟的自稳定技术，并赋予科学以认知的可辩护性。另一方面，技性科学实践致力于一种共生的权益性事实的建构，这种建构以社会的健全性来应对后学院科学的社会化趋势：第一，科学有效性既被积极建构在实验室之内，又被建构在实验室之外，技术、经济、文化和政治因素共同塑造着科技创新产品的生产过程；第二，这种健全

---

① ［美］玛西娅·安吉尔：《制药业的真相》，续芹译，北京师范大学出版社 2006 年版，第 81 页。

② ［加］伊恩·哈金：《实验室科学的自我辩护》，载［美］安德鲁·皮克林编《作为实践和文化的科学》，柯文、伊梅译，中国人民大学出版社 2006 年版，第 33 页。

性通过扩展专家小组的参与来实现，不仅涵盖同行的科学家群体，更召集了其他利益相关者的社会群体，因而专业知识与其他知识、经验和专长构成了特定的混合体；第三，社会不再是科学的接受方，而是主动参与科学知识生产的合伙人，进而在反复检验、扩展和修改的过程中保障健全性。①

二 以社会的可接受性掩盖认知的可辩护性

技性科学实践中资助效应出现的关键在于，一是资本、权力和利益已潜移默化地渗透到科学行动者日常的情感、立场、措辞及其行动之中，后学院科学整体上呈现出一种重视社会动态介入的市场化趋势；二是基于行动者微观作用机制中自然与社会同盟之间的互构性，技性科学实践的一大特征就在于社会的可接受性与认知的可辩护性之间边界的开放化与模糊化。正是因为这种社会化趋势和开放性边界，科学资助者这一原被排挤在实验室之外的接受方，能够通过经济利益的过度介入，主动建构出一种足够"强健"的社会网图，以此来掩盖或削弱一切不符合其利益诉求的自然网图。

仍以疫苗 Remune 为例，提供赞助的免疫反应公司的目的在于，构建出一个疫苗 Remune 对于治疗艾滋病有效的科学事实，以此期望FDA 批准该疫苗上市。由此，公司通过资助合同的签订等利益转译方式，将其他行动者征募到自己的周围并以此形成一种新的利益相关者网络：一方面，它将疫苗的经济利益转译为卡恩与拉哥科斯博士的私人利益，以此重组资助方与被资助方之间的利益关系；另一方面，它以经济制约的方式成为所有行动者的主导者，并制定出满足其最大利益的研究规范，如合同允许公司参与整个实验过程，并赋予公司论文发表前浏览并最终定稿的权利，以此控制疫苗 Remune 的研究朝着公司的期望发展。基于这一行动者网络的建构，尽管 3 年内对 77 个医药中心的 2500 位艾滋病患者所进行的临床试验表明，这一药物并没有预想的效果（该疫苗无效），但是该公司仍以资助者的名义威胁卡

---

① Helga Nowotny, "Democratising Expertise and Socially Robust Knowledge", *Science and Public Policy*, Vol. 30, No. 3, 2003, p. 155.

恩和拉哥科斯发表正面结果，并要求他们强调关于显示出药物疗效的患者的分析。①

由此可见，提供赞助的企业可以通过社会可接受性的建构来遮蔽"实验室科学的自我辩护"所塑造的——辨析好科学与坏科学、抵御科学活动中不端行为——认识论辩护机制，进而消解求真性与逐利性实践之间在解读自然上的本质性区别。例如，对于提供赞助的模仿性创新药药商来说，他们不需要"投资生产更多的创新药品和降低价格"，只需要"将更多的钱投入到公关宣传、钻法律的空子以延长专利权以及游说政府来阻止对价格管制的改革上"②，然后以赞助者的名义命令研究人员在实验设计中使用安慰剂与其药物进行比较，或者改变、阻碍甚至停止负面结论的发表，就足以掩盖其创新药技术开发上的不足，以及保障其模仿性创新药的药效在市场上的可接受性。对于被资助的科技创业者来说，比如美国赛拉罗斯公司的创始人霍姆斯（Theranos）只要通过汇聚没有医疗背景的政治家或军人进入董事会来扩大政治影响力，同时借助公共媒体的大肆宣传就足以将自身塑造为女性创业的时代偶像，虽然该公司对于"试图发现隐匿性疾病的无症状个体之于结果的自我筛查和自我解释的危险性"等技术原理缺乏明确的认识，但是强大的社会同盟足以隐瞒或伪装技术网络的缺陷，继而骗取大量的融资。③

更为棘手的是，科学知识与技术人工物一旦完成，它就成为被遮蔽了的"黑箱"。黑箱处于两个同盟系统联结在一起的中间地带，当所有的转译策略取得成功之时，它就将最广泛、最强硬的联合积聚于一身，④ 其结果是它内化各种行动纲领的、复杂的制造过程被完全掩盖起来，甚至转化为被验证了的客观事实而被复制和传播，由此，科

---

① ［美］玛西娅·安吉尔：《制药业的真相》，续芹译，北京师范大学出版社 2006 年版，第 81—82 页。

② ［美］玛西娅·安吉尔：《制药业的真相》，续芹译，北京师范大学出版社 2006 年版，序言 iv。

③ Eleftherios P. Diamandis, "Theranos Phenomenon: Promises and Fallacies", *Clinical Chemistry & Laboratory Medicine*, Vol. 53, No. 7, 2015, p. 992.

④ ［法］布鲁诺·拉图尔：《科学在行动——怎样在社会中跟随科学家和工程师》，刘文旋、郑开译，东方出版社 2006 年版，第 234 页。

学发现的实际语境与科学文本或产品的话语重构之间的关系被颠倒过来，只有当行动纲领在流动体系中所确立的联盟发生破裂，该黑箱所遮盖的知识、技术与社会的互动过程才能得以展现。基于这一技性科学实践运作机制的遮蔽性特征，科学家、学术机构与产业界之间的新型交易模式及其所带来的行业赞助之于研究行为的构成性作用，被遮盖在科研成果的黑箱化过程之中，经济利益与研究行为之间的直接联系在没有预先的强制性要求与惩罚措施的情况下难以得到证实，只有当恶劣的不端行为发生之后，产学交易中经济勾结之于认知可辩护性的破坏才有可能得以揭示。因此，技性科学实践中的自然与社会同盟的共构性与黑箱化特征，足以为商业资助所引发的偏见行为提供认识论意义上的可利用空间，并有效地遏制了以实验室科学为基础的认知可辩护性发挥其应有的作用。

在科技创新创业的实践语境之中，伦理会本然地介入认识论，因而以行动性交流所维系的认识论机制，必须坚持以一种描述性的立场来追随行动者在实践中的历史建构过程，这样才能将科学哲学从空洞的普遍性讨论与宏大叙事中解放出来，植根于科学特有的、地方性的结构之中。但是如果认识论成为一项彻底自然主义化的描述性事业，那么它所能做到的仅仅是真实地描述"生活世界"中的现实互动，而无法解决那些兼备认知重要性与现实迫切性的问题，更无法以规范性的力量来解释为何既定领域的理论与实践所产生的知识至少是可信的甚至为真的，而其他领域的理论与实践却做不到。在此意义上，维系实际认知图景与规范性思考之间的有效互动，不仅能够对学院科学商业化所带来的各种冲突和风险进行反思性审视，更有助于在失范行为发生之前对研究偏见进行有效的约束和规避，进而充分发挥出认识论机制的辩护性作用。

第四节　社会学：科学共同体的规范性进路

在传统的知识生产体系中，科学通过对自然的镜面式表征塑造出一种垄断性的认知权威，因而凭借预先设定的、规范化的"认识论根据或证据基础"，信仰或陈述可以被显著地划分为真理（科学）与谬误（失范行为或伪科学）两个层面。也就是说，科学行动者能够通过以自然为根基的中立性观察、形式逻辑规则以及确凿的经验证据这些得到公开承认的认知标准来进行合理性判断，这一理性壁垒规避了理论判断和选择过程中出现的任何价值负载的偏倚。相对应地，这一基于自然超验性的认识论机制赋予了科学共同体以社会学意义上的完全自律性，即一种"理念、方法、价值以及规范的综合体"，确保科学行动者遵循所谓的"良好的科学实践"①。这些统筹性的科学规范保障了科学共同体内部行动的同质性，以本然的、无偏见的客观性赋予了科学知识以有效性，学院科学不需要在同行评议体系之外进行问责，就足以将一切不符合划界标准的陈述与不按照道德规范行动的行动者排除在科学图景之外。

但是这一传统的规范性进路的问题在于，认识论规范以先验的自然与逻辑来解释规范的权威性地位，社会学规范以偶然的社会行动来解释科学家个体的失范，前者只涉及辩护语境中理论的评价与选择，后者只针对发现语境中活动的约束与祛除。这一不对称的二分模式，一方面导致科学行动者自认为其任务在于通过表征自然世界来追求客观知识，自然的超然性保证了利益相关性无法取代科学客观的评价机制，进而排斥所有外部设立或增强的监管章程和伦理审查制度；另一方面，它将所有涉及地方情境性的社会因素划归到非理性的一侧，这意味着学院科学商业化语境中的技性科学实践必然建立在违背传统规范的基础之上，因而它将足够多的可利用资源划分给了社会建构论，这一文化相对主义以社会的超然性抹去真理与谬误之间的区别，② 由此尽管不端行为偏离了认知的可辩护性范畴，但是却仍能被其拥护者兜售成科学。可见，要想适当地满足技性科学实践所架构的兼备认知可辩护性与社会可接受性的认识论基础，科学规范必须立足于真实的生活世界之中，生成性地适应不断变化的社会语境。

---

① ［美］罗伯特·吉本斯等：《知识生产的新模式：当代社会科学与研究的动力学》，陈洪捷、沈文钦等译，北京大学出版社 2011 年版，第 2 页。

② ［英］大卫·布鲁尔：《知识和社会意象》，艾彦译，东方出版社 2001 年版，第 8 页。

一 伦理基础：传统科学规范的破坏

近来针对后学院科学的社会科学研究表明，高度理想化的科学自治体系与科学实践的真实运作机制背道而驰，特别是伴随着学术商业合作模式的兴起，学术界表现出一种学术科学与产业科学相交融的后工业杂交模式。资助者、决策者与实践者参与的范围拓展到知识的生产、分配、交换和消费的各个环节，以此打破基础研究与应用研究之间的传统界限。由此，逐利性的市场规范与求真性的诚实、共治以及其他价值理念之间不可避免地发生冲突，这意味着后学院科学特有的技性科学实践建立在有效反对传统规范存在的基础之上，并呈现出一种行动者之间掺杂着友情和敌意的合作关系，进而维系科学共同体自律与他律之间的张力。

伴随着学术—商业合作模式的兴起，后学院科学家具备了双重的身份：一是在传统的学术规范下产生公共知识；二是受雇在商业条件下生产私人知识，这两者同时掺杂在实验室科学及其社会扩展过程之中，因而后学院科学不仅"生产知识"，而且介入"与那些保证科学知识生产的机构的商业、政治或其他的社会利益相一致的知识建构"①。在此意义上，科学家的"经济人属性"决定了行动者难以在实践目标上保持道德或社会价值无涉的中立态度，他们在运用方法、进行分析和解释结果的过程中都或多或少地涉及个人利益、意识形态或追求真理之外的事业。由此，学术研究的无私利性面具被揭下，并逐渐为多重既得利益所取代，个体及其机构的经济利益冲突作为一种潜在的偏见因素，广泛存在于后学院科学研究、审查和评论的日常之中。

当代科学研究没有公正实践的空间，科学家的研究行为作为一种高度技术化的行动模式并不中立，涉及诸多的利益关系，一是由私人利益驱动的科学结论充满了偏见，以至于需要花费更多的时间进行重复性实验和批判性审查；二是由私人利益驱动的科学文化导致科学家

---

① ［英］约翰·齐曼：《真科学》，曾国屏、匡辉、张成岗等译，上海科技教育出版社 2002 年版，第 212 页。

关注解决商业利益的特定问题的领域，这一趋势牺牲了公众的兴趣取向，例如大量研究化学杀虫剂，但对生物害虫的控制不感兴趣。三是公正的丧失导致科学家公共定位的下降，学术科学家的利益日益与产业组织、政府组织的利益紧密地结合在一起。① 这一金钱、自我利益与科学研究之间的密切关系，对科学家个体之于科学规范的遵循提出了挑战，科学家往往会倾向于将雇主、委托人或者赞助者的经济利益内在化，因而由私人利益所驱动的后学院科学研究不可避免地充斥着经济利益介入所导致的偏袒心理，甚至会出现以牺牲公共利益为代价不断解决涉及商业利益的特定问题的现象。

可见，无私立性这一所谓融入个体行动者科学良知的精神气质与维护集体科研诚信的理想化规范，② 不仅无法解释关于科学家个体的日常认知生活的描述性现实，更加难以挽救学术商业化趋势下偏离伦理轨道的学院科学，其实质是通过将科学伪装成为一种生产普遍有效、价值中立的知识来逃避科学家所应该承担的社会责任。因此，在企业转型、模糊非营利性和营利性的界限变得如此有利的社会背景下，后学院科学并不依赖于一套先验规定好的理想化行动纲领来为科学实践进行辩护，而是立足于一种不借助任何超越行动的力量、依靠行动本身去说明的"自然主义认识论"，并以此为异质化和不确定的科学实践提供"与科学知识实际被产生和被应用的方式一致的"行动规范。③

更为重要的是，在传统的规范性进路中，科学活动中所涌现的所有失误、疏忽或不端行为都是由科学家个体的偶然性失范来解释的，这一之于错误的知识的分析是被排除在辩护的语境之外的科学社会学所从事的边缘性工作。但是科学实践本质上就是一种从科学家个人利益出发的、依赖于主观的判断和选择的、受制于社会和经济力量的地

① Sheldon Krimsky, *Science in the Private Interest: Has the Lure of Profits Corrupted Biomedical Research?* Lanham: Rowman and Littlefield, 2004, pp. 73 - 90.

② ［美］R. K. 默顿：《科学社会学：理论与经验研究》，鲁旭东、林聚任译，商务印书馆2016年版，第365页。

③ ［英］约翰·齐曼：《真科学》，曾国屏、匡辉、张成岗等译，上海科技教育出版社2002年版，第395页。

方性行动模式，也就是说，主体在参与技性科学实践过程中被允许带有一定的利益倾向性，因而错误或谬误发生的根源并不仅仅是个体行为的失范，还在于集体机制的失效。具体来说，尽管科学行动者身处利己主义冲突的科学场域之中，但在这一自由的商业市场中，"个体科学家也许是客观性链条中最薄弱的一个环节"①，个体的特定偏见会为由集体的共识所构成的自我约束系统所调和，科学共同体倾向于"把相互冲突的个人利益和认知力量转化为在可靠知识的生产以及在这种知识匿名、体制化的可信性方面一种共享的集体利益"②。基于此，科学行动者不需要借助于先验存在的规范原则，就能产生方向一致、步调统一的组织性活动，正是这一统一科学共同体共有价值与行动方针的内聚力，为科学行动者的社会边界的确立提供了一种实践中的规范力量。

二　有效互动：科学共同体的集体机制

在后学院科学的视域中，科学共同体的自我辩护体系之所以仍能进行有效的自我监督，继而成为一种有效的、自动防故障的安全机制，一是因为科学共同体提供了一种相互依赖的、理性的自我反思形式，这种理性的反思通过不间断地向内审视与评价来保证研究共同体在意见不一时仍能相对公正地提供集体意见，比如学术期刊之于文章发表前的审稿、研究资助机构之于项目申请的甄选等同行评议（peer review）方式，因而"与个人的、视野局限的乃至利益驱动的气候怀疑论者相比，自我反思与自我批判的内部化的跨学科能力使全球评估机构……的评价更加值得信任"③。二是因为科学共同体的产生与维系倾向于自我管理的方式，并不完全受制于经济压力和外在监管所强加的约束和限制，以此形成了一种独特的封闭性效果，即科学只实施

---

① ［美］戴维·B. 雷斯尼克：《真理的代价：金钱如何影响科学规范》，蔡仲、韦敏译，南京大学出版社 2019 年版，第 75 页。

② ［英］约翰·齐曼：《真科学》，曾国屏、匡辉、张成岗等译，上海科技教育出版社 2002 年版，第 196 页。

③ ［葡］安吉拉·吉马良斯·佩雷拉、［英］西尔维奥·芬特维兹：《为了政策的科学：新挑战与新机遇》，宋伟等译，上海交通大学出版社 2015 年版，前言 12 页。

于那些具备认知和承认其感知范畴的行动者，这些行动者只需要对同行认可的合理性标准负责，也只有他们有资格评价或判定其专业同行所做的工作是否有效。基于此，一个良好运行的科学共同体互动空间，不仅能增强彼此有交集、相互交流的科学行动者之间的信赖感，还能增强科学自治和科学在社会中的权威性声望，以此来维系科学从业者在知识生产及其资源分配上的独断性地位，并在企业和公共部门之间充当诚实代理人。

但是科学共同体这一充满交往和竞争的客观关系的社会空间，不仅具备自己特有的社交性逻辑，还受到外在于共同体的利益、市场等因素的驱动，前者保障主体间的信息交流或报酬分配，后者用以满足社会世界关于审查等方面的要求。特别地，"为了获取商业优势而混乱不堪的专利市场，各种隐瞒行为以及其他危害科学的开放、共治与合作的现象，都已经对科学的公有性……造成威胁"①，学术研究的产业支持越广泛，学术型研究者之间的商业机密的数量也越多，因而企业资助不可避免地破坏着科学共同体内部正常的知识交流和合作活动，其所带来的利益冲突威胁着传统学院科学价值观在科学成果出版和数据共享上的安排与行为：第一，学术型机构倾向于放宽之于利益冲突的管理与之于隐瞒行为的惩罚，进而以较低的准入标准来促进产业界向大学的资金流动；第二，企业赞助者在撰写责任合同时对被资助或者拥有公司股权的科学家设置限制，以此要求科学家延迟或停止发表负面结果，不共享研究数据、方法和工具；第三，为了争取校企合作的资金、获得更好的知识产权收益，科学家往往会主动采取一种有限保密和知识私用的所有权态度，而非透明、公开与共享。

因此，以利润为导向的保密性渗透在后学院科学之中，特别是后学院科学与营利性的互动，对依赖于科学家主体间共存和互动所营造的自我辩护机制提出了挑战。首先，专家协商过程中增进了企业的参与性，这种参与性直接削弱了要求"科学研究成果社会共享、自由开

① Daniel S. Greenberg, *Science for Sale: The Perils, Rewards, and Delusions of Campus Capitalism*, Chicago and London: The University of Chicago Press, 2007, p. 6.

放的知识交流以及知识成果完整的共同维护"① 的传统机制；其次，同行评议和重复所构成的审查机制不得不面对非公开发表或私人交流，这些欺诈、隐瞒或越轨行为动摇了科学家之间积极追求与悉心培育的彼此的信任感；最终，可信性的丧失导致科学共同体及其机构所构成的应用于社会实践和认知过程的公开性与批判性空间，难以发挥其应有的规范约束性作用。

基于这一伦理滑坡现象，如何在承认价值有涉的前提下，有效地规避企业资助效应这类学术不端或伪科学发生的可能性？第一，必须"诚实地将科学描述成由普通人根据常识进行的一个系统的理性的人类活动"②，承认科学活动中利益冲突无可避免，这样才能在规范上允许与增进监管机制之于透明度的伦理审查。也就是说，"对金钱的过分热衷会损害科研中的诚信、影响对事实的探索"，因而有必要加强对科研与资助之间关系的监管，资助者、决策者与实践者等多元利益主体都有义务制定和完善相关规则和指南，以此来缓解企业资助对于科技创新创业的负面影响。③ 第二，科学家需要致力于一种跨越科学与产业边界的"协调工作"④，在建立边界、混合边界以及协调互动的过程中，使得一个相对稳定的内部世界得以形成，并以一种可控的方式建立科学与非科学有效交流的场所。由此，在边界工作中的伦理对话中，科学家需要不断重构自身作为科学知识生产者的角色，一方面维系公众对于科学认知权威性的信任，另一方面又顺利地与企业进行经济合作，避免成为经济资助的俘虏。例如在医药公司资助的情境下，一是在学术界产生知识的行动者和对该知识有经济利益相关者的角色之间保持彼此独立和明确；二是对照顾病人负有受托责任，同

---

① Sheldon Krimsky, *Science in the Private Interest*: *Has the Lure of Profits Corrupted Biomedical Research?* Lanham: Rowman and Littlefield, 2004, p. 76.

② ［英］约翰·齐曼:《真科学》，曾国屏、匡辉、张成岗等译，上海科技教育出版社2002年版，第396页。

③ ［美］戴维·B. 雷斯尼克:《真理的代价：金钱如何影响科学规范》，蔡仲、韦敏译，南京大学出版社2019年版，第189页。

④ Willem Halffman, *Boundaries of Regulatory Science*: *Ecotoxicology and Aquatic Hazards of Chemicals in the US, England, and the Netherlands, 1970 – 1995*, Ph. D. Dissertation, University of Amsterdam, 2003, p. 70.

时又将病人作为研究对象的行动者，以及那些在特定药品、疗法中有经济利益的行动者，其角色之间应保持独立和明确；三是那些评估治疗、药物、有毒物质或消费品的人以及那些在这些产品的成败上有经济利益的人的角色之间要保持独立和明确。①

第三，科研事业的诚信必须根植于科技创新创业的认知可辩护性与共同体"有效的批评互动"两者之中，前者表现为实验室科学研究的自我辩护机制，后者表现为实践的严格检验以及公开的批判。特别地，在认知可辩护性为社会可接受性所掩盖的黑箱化情况下，科学共同体之间的有效批判互动，确保了主观的话语在批评中幸存下来，并逐渐转换成客观的知识，进而维系共同体所接受的内容与其认知目标相协调。这一公开化的批判空间的规范性建构具体表现为：一是场所，通过提供公众所认可的论坛，进行证据、方法、假设和推理的批判；二是吸收，共同体成员参与批判讨论中，接受不同信念并作出回应；三是公共标准，参与对话的共同体分享公共所认可的标准，以此维护话语互动的价值或目标；四是适中的平等性，以学术权威的适当平等性，保障所有相关的视角践行批判对话。② 由此，科学共同体构成一个公开交换可信性和批判的互动空间，这一空间被集体性的行动规范安排出来面对自然，从而在科学共同体可接受的知识与不可接受的知识之间架构起一条动态的边界线。基于上述三种路径，科学实践不仅"为真理保留了一个位置"，而且将它"置于一个民主的框架之中"③，在此意义上，真理诉求与伦理思考之间的有序互动，以认知上的可辩护性与社会上的可接受性的共同涌现，营造出一种民主审视所有参与者需求的良序科学（well-order science）。

① Sheldon Krimsky, *Science in the Private Interest*：*Has the Lure of Profits Corrupted Biomedical Research*？Lanham：Rowman and Littlefield，2004，p. 227.

② ［美］海伦·朗基诺：《知识的命运》，成素梅、王不凡译，上海译文出版社 2016 年版，第 167—170 页。

③ ［英］菲利普·基切尔：《科学、真理与民主》，胡志强、高懿译，上海交通大学出版社 2015 年版，第 241 页。

小结　以划界来审视资助效应

鉴于当代技性科学熔铸于社会实践，产业界的经济资助导致经济利益的过度介入，进而导致科学行动者作出结果偏倚的判断，最终引发各种科学不端行为，这种资助效应所带来的失范行为，一方面，侵蚀着科学与伪科学的合理性边界；另一方面，削弱着大众对于科学认知权威性的信任。为了避免资本的逐利性完全取代科学的求真性，有必要通过技性科学视域中的划界思想来反思传统区分科学与非科学的社会学划界路径失败的哲学根源，以此对科学家内部的利益冲突进行有效的规避。在此意义上，当代 S&TS 视域下的划界工作可以为追踪科学家内部的科学性与社会性的争议性边界提供一种全新的哲学进路。因此，旨在预防或禁止后学院科学中所涌现的大量冲突和风险，一是在描述性进路上追踪行动者之间以及行动者内部的边界活动，以此为科学家、资助者与公众之间的交互行为提供一种微观层次的 S&TS 研究；二是在规范性进路上促进科学共同体之间进行有效的批判互动，以此为后学院科学研究构建出一个公开交换可信性和批判的互动空间。基于此，在"综合考虑了事实的稳健性、涉及利益的性质、规范产生的约束等条件后的妥协"① 后，后学院科学得以通过内部的公开批判和外部的伦理审查，促进产学研协同发展的科技创新机制的持续健康发展。

---

① ［德］尤斯图斯·伦次、彼得·魏因加特：《政策制定中的科学咨询：国际比较》，王海芸等译，上海交通大学出版社 2015 年版，第 155 页。

结语　重返科学划界

　　伴随着学院科学与产业界之间的联姻，市场的力量不断地向学院科学蓄意渗透，世界范围内的研究型大学的目标、价值观和实践方法都发生了变化，创业目标构成性地重塑着大学的本质及其科研日常，参与技术交换的创业型学院以新的形式主动参与到风险资本的创造之中，这一产学研共建过程通过商业化模式来追随"现代化的经营之道"①。在这一创业型科学兴起的过程中，科学家、企业、政府与公众等异质化行动者之间的界限不断模糊化，它们共同内化在知识与技术创新的网络社会之中，行动者及其机构之间的实际交互是灵活的、有弹性的，其交往的边界也扎根于相互协商和妥协的实践性建构，并根据各自利益取向不断地重新分配。由此，科学哲学需要跟上时代的步伐，研究"时代断裂"后的技性科学，行动性的技性科学逐渐取代纯粹认知的纯化科学，进而通过从表征到干预的科学技术化、从扩散到转译的科学技术社会化来满足当代科学—技术—社会的一体化的现实要求。也正是在这一交互性的网络建构过程之中，科学中的越轨行为甚至包括伪科学开始以新的表现形式，弥散于当今"创业型科学"的日常实践之中，即纯粹理论形式的伪科学转化为现实维度的伪科技活动。在此意义上，有效地辨析新语境下的科学与伪科学活动，不仅是理论研究的学术诉求，更有伦理与社会上的职责。

　　基于不确定与不可控的全球风险，非理性的边缘群体的确在不断壮大，在公众关注的敏感领域，如阻碍进化论教育的智慧社会论拥护

---

① Daniel S. Greenberg, *Science for Sale: The Perils, Rewards, and Delusions of Campus Capitalism*, Chicago and London: The University of Chicago Press, 2007, p. 1.

者、抵制疫苗的替代药物支持者、艾滋病病毒研究的反对者、精神病民间治疗方法的倡导者等不断地涌入公众的视野。特别是伴随着知识与技术的新型互动，一些相对松散的、与政府和企业联系密切的行动者，也开始通过各种媒体宣传活动来误导公众，否认科学共同体内部已达成共识的科学知识，以达到对抗事实和贩卖怀疑的效果。这种形式的不端行为不再局限于持续性的欺骗或冒充行为，而是采取一种"以科学对抗科学"的干预方式，即通过制造公众的怀疑来将私人利益与公共利益之间的对立转化为两大利益集团之间的资本博弈，进而躲避伦理审查与公共监管。针对这种"以科学对抗科学"的策略，科学与伪科学之间界限的模糊化实际上意味着放任伪科学以经济、政治资本的积累来侵扰科学和骗取大众的信任，从而造成怀疑论的认知氛围与公众对认知权威的不信任。

基于这一现实的观照，当代 S&TS 研究必须基于技性科学重新恢复科学划界，同时这一划界主要体现为三种转向：第一，从本质主义的划界逻辑转向建构论意义上的划界活动；第二，从表征主义的认识论划界转向干预主义的本体论划界；第三，从宏大叙事的理论划界转向追随行动的实践划界。基于此，划界既被建构在科学共同体内部，也被积极建构在科学共同体外部的社会中，既被建构在实验室科学内部，也被建构在广阔的行动者网络之中。在此意义上，科学划界不再是劳丹所批判的"寻求一组充分和必要条件"的认知划界，也不再是吉瑞恩意义上科学行动者为捍卫科学作为权威性知识特权所进行的社会划界，前者以一种普遍性的划界标准将真理与谬误彻底区分开来，后者则立足于可接受与不可接受实践之间边界的社会划定过程，将科学划界直接解构为一种科学行动者出于利益驱动而采取的排他性的修辞策略。

也就是说，在传统的科学哲学视域中，传统划界的任务在于通过维系纯科学与非科学之间的界限来保护科学的纯洁性。但是新的发现语境研究表明，划界工作并不是在科学与其他文化形式之间制造一种先验的区分，而是真实地展现科学行动者（包括人类与非人类因素）与其他行动者在地方性的情境中之于科学认知权威性的斗争。在这一建构主义的划界进路中，技性科学的地位并不是本质性的自然或科学家的权威所赋予的，而是各种参与者，包括科学工作者、政府机构、营利性企业与其他利益相关者共同进行划界互动的结果。科学共同体及其机构之所以能够获得认知和社会的权威性，并非仅仅依靠他们对于认知标准和科学规范的遵循，还在于他们在介入社会的过程中积极塑造这些标准。在此意义上，建构主义的划界分析扩展着一种足够强大的专家阵容，各行各业的专家知识为技性科学研究提供了充分的补充。

　　鉴于自然与社会都不再是一个能为科学家解决争端的自主的、确定的仲裁者，科学行动者（包括人类和非人类因素）实际上依赖于自身及其与其他行动者之间的相互合作。也就是说，一方面，科学划界是网络互动的干预性活动，科学的权威性地位是一种具有协商性质的约定，这符合技性科学的建构主义特征；另一方面，科学共同体及其机构得出的结论具有充分的权威性，实验室科学的自我辩护具有充分的稳定性，这又符合技性科学的自然主义特征。因此，我们难以严格地将科学、技术和社会互相剥离开来，脱离所应用的实践来考虑划界是很困难的，甚至在划界的执行过程中，划界活动本身和实践都会在相互作用中产生变化。但是建构主义划界的问题在于，传统科学哲学合法化的权威性光环，被一种"实践互动"的标签所替代，由此，只要科学理论不符合某一行动者的利益诉求，那么介入其中的政府、产业界或其他专业组织就有权质疑这一标签的科学准确性与有效性，而这也是科学划界问题在技性科学视域下所面临的最大的挑战。

　　最后，基于技性科学视域下科学知识、社会秩序和自然秩序之间的共存性和互构性，科学划界摆脱了科学技术的标准图景与社会建构主义图景之间的紧张局面，不再将科学视为对自然的简单反映，也不会将它理解为社会互动的附带现象。然后，这种兼具认知辩护性和社会健全性的划界模式可以被应用于各种科学划界案例的分析，这种两面性的共构进路可能并不具有强大的解释力，却能作为一种灵活的分析手段，用以描述科学知识生产过程中自然、社会与人之间的动态关系，揭示出伪科技创业、资助效应以及利益冲突等现象发生的根源。基于此，本书通过追踪从科学到技性科学的建构过程，研究科学活动与其他活动之间的区别以及技性科学所特有的认知权威性问题，而非通过建立先验的专业知识分类系统来解释谁是科学、谁被允许参与科学讨论。因此，在当代 S&TS 的视角下进行划界活动，有必要立足于具体的技性科学产生的认知和社会语境，具体观察这一行为在微观上是否满足于转译链条的连续性，在宏观上是否满足于科学场的入场券要求，以此将不满足这一技性科学要求的活动排除在科学之外，进而为解决各种风险问题提供一种本体论、认识论和方法论意义上的哲学导向。

参考文献

1. 英文参考文献

Alters, B. J. , "Whose Nature of Science?" *Journal of Research in Science Teaching*, Vol. 34, No. 1, 1997.

Atkinson, P. et al. , *Handbook of Ethnography*, London, Thousand Oaks & New Delhi: SAGE Publications, 2001.

Bekelman, J. E. , Yan Li, and Gross, C. P. , "Scope and Impact of Financial Conflicts of Interest in Biomedical Research: A Systematic Review", *Journal of the American Medical Association*, Vol. 289, No. 4, 2003.

Blumenthal, D. , "Growing Pains for New Academic/Industry Relationships", *Health Affairs*, Vol. 13, No. 3, 1994.

Bourdieu, P. , and Wacquant, Loic. , *An Invitation to Reflexive Sociology*, London: The University of Chicago Press, 1992.

Bunge, M. , *Treatise on Basic Philosophy*, Vol. 6, *Epistemology and Methodology II*, Dordrecht: D. Reidel Publishing Company, 1983.

Bunge, M. , "What is Pseudoscience?" *The Skeptical Inquirer*, Vol. 9, No. 1, 1984.

Burri, R. V. , "Doing Distinctions: Boundary Work and Symbolic Capital in Radiology", *Social Studies of Science*, Vol. 38, No. 1, 2008.

Clark, B. R. , *Creating Entrepreneurial Universities: Organizational Pathways of Transformation*, Oxford: Pergamon Press, 1998.

Collins, H. , *Changing Order: Replication and Induction in Scientific Practice*, Chicago: The Universityof Chicago Press, 1985.

Collins, H. M., and Evans, H. M., "The Third Wave of Science Stud-
ies: Studies of Expertise and Experience", *Social Studies of Science*,
Vol. 32, No. 2, 2002.

Crombie, A. C., "Styles of Scientific Thinking in the European Tradi-
tion", *British Journal for the History of Philosophy*, 1995.

Daston, L., "The Coming into Being of Scientific Objects", in Daston,
L. ed., *Biographies of Scientific Objects*, Chicago, London: The Uni-
versity of Chicago Press, 2000.

Davidson, R. A., "Source of Funding and Outcome of Clinical Trials",
Journal of General Internal Medicine, Vol. 1, No. 3, 1986.

Diamandis, E. P., "Theranos Phenomenon-Part2", *Clinical Chemistry &
Laboratory Medicine*, Vol. 53, No. 12, 2015.

Diamandis, E. P., "Theranos Phenomenon-Part3", *Clinical Chemistry &
Laboratory Medicine*, Vol. 54, No. 5, 2016.

Diamandis, E. P., "Theranos Phenomenon: Promises and Fallacies",
Clinical Chemistry & Laboratory Medicine, Vol. 53, No. 7, 2015.

Dupré, J., *The Disorder of Things: Metaphysical Foundations of the Dis-
unity of Science*, Cambridge, MA: Harvard University Press, 1993.

Etzkowitz, H., and Leydesdorff, L., "The Endless Transition: A 'Tri-
ple Helix' of University-Industry-Government Relations", *Minerva*,
Vol. 36, No. 3, 1998.

Etzkowitz, H., *MIT and the Rise of Entrepreneurial Science*, London and
New York: Routledge, 2002.

Etzkowitz, H., "The Second Academic Revolution and the Rise of Entre-
preneurial Science", *IEEE Technology and Society Magazine*, Vol. 20,
No. 2, 2001.

Fagin, D., and Lavelle, M., *Toxic Deception*, Secaucus, N. J: Carol
Publishing Group, 1996.

Feyerabend, P., *Against Method*, London: New Left Books, 1975.

Forman, P., "The Primacy of Science in Modernity, of Technology in
Postmodernity, and of Ideology in the History of Technology", *History &*

Technology, Vol. 23, No. 1, 2007.

Friedberg, M., Saffran, B., and Stinson, T. J. et al., "Evaluation of Conflict of Interest in Economic Analyses of New Drugs Used in Oncology", *Journal of the American Medical Association*, Vol. 282, No. 15, 1999.

Friedman, L. S., and Richter, E. D., "Relationship between Conflict of Interest and Research Results", *Journal of General Internal Medicine*, Vol. 19, No. 1, 2004.

Fuchs, S., *The Professional Quest for Truth: A Social Theory of Science and Knowledge*, Albany: SUNY Press, 1992.

Fuller, S., "Being There with Thomas Kuhn: A Parable for Postmodern Times", *History and Theory*, Vol. 31, No. 1, 1992.

Funtowicz, S., and Ravetz, J., "Science for the Post-normal Age", *Futures*, Vol. 25, No. 7, 1993.

Galison, P., "Ten Problems in History and Philosophy of Science", *Isis*, Vol. 99, No. 1, 2008.

Galison, P., *The Pyramid and the Ring*, Berlin: Presentation at the conference of the Gesellschaft für analytische Philosophie (GAP), 2006.

Garfinkel, H., *Studies in Ethnomethodology*, Englewood Cliffs, New Jersey: Prentice-Hall, 1967.

Gieryn, T. F., "Boundary-work and the Demarcation of Science from Non-science: Strains and Interests in Professional Ideologies of Scientists", *American Sociological Review*, Vol. 46, No. 8, 1983.

Gieryn, T. F., *Cultural Boundaries of Science: Credibility on the Line*, Chicago: The University of Chicago Press, 1999.

Goldman, A. I., "Experts: Which Ones Should You Trust?" in Selinger, E., and Crease, R. P. eds., *The Philosophy of Expertise*, New York: Columbia University Press, 2006.

Greenberg, D. S., *Science for Sale: The Perils, Rewards, and Delusions of Campus Capitalism*, Chicago and London: The University of Chicago Press, 2007.

Greenberg, D. S. , *The Politics of Pure Science*, New York: New American Library, 1967.

Guston, D. H. , "Stabilizing the Boundary between US Politics and Science: The Rôle of the Office of Technology Transfer as a Boundary Organization", *Social Studies of Science*, Vol. 29, No. 1, 1999.

Hacking, I. , and Khalidi, M. A. , "Historical Ontology by Ian Hacking", *Philosophy of Science*, Vol. 70, No. 2, 2003.

Hacking, I. , *Historical Ontology*, Cambridge, MA: Harvard University Press, 2002.

Hacking, I. , "Let's Not Talk about Objectivity", in Padovani F. et al. eds. , *Objectivity in Science: New Perspectives from Science and Technology Studies*, New York: Springer, 2015.

Hacking, I. , *Scientific Reason*, Taipei: Taiwan University Press, 2009.

Hacking, I. , *The Emergence of Probability*, Cambridge: Cambridge University Press, 1975.

Halffman, W. , Boundaries of Regulatory Science: Ecotoxicology and Aquatic Hazards of Chemicals in the US, England, and the Netherlands, 1970 – 1995, Ph. D. Dissertation, University of Amsterdam, 2003.

Hansson, S. O. , "Cutting the Gordian Knot of Demarcation", *International Studies in the Philosophy of Science*, Vol. 23, No. 3, 2009.

Hempel, C. , *Aspects of Scientific Explanation*, New York: Free Press, 1965.

Holmquest, A. , "The Rhetorical Strategy of Boundary", *Argumentation*, Vol. 4, No. 3, 1990.

Hottois, G. , "La Technoscience: De L' Origine Du Mot A' Ses Usages Actuels", *Recherche en Soins Infirmiers*, Vol. 86, No. 3, 2006.

Hottois, G. , *Technoscience: Nihilistic Power versus a New Ethical Consciousness, Technology and Responsibility*, Dordrecht: D. Reidel Publishing Company, 1987.

Hulka, B. S. , Kerkvliet, N. L. , and Tugwell, P. , "Experience of a Scientific Panel Formed to Advise the Federal Judiciary on Silicone Breast Implants", *New England Journal of Medicine*, Vol. 342, No. 11, 2000.

Jasanoff, S. , *States of Knowledge: The Co-Production of Science and the Social Order*, London and New York: Routledge, 2004.

Kitcher, P. , *Abusing Science: The Case Against Creationism*, Cambridge, MA: MIT Press, 1982.

Koertge, N. , "Belief Buddies versus Critical Communities: The Social Organization of Pseudoscience", in Pigliucci, M. , and Boudry, M. eds. , *Philosophy of Pseudoscience: Reconsidering the Demarcation Problem*, London: The University of Chicago Press, 2013.

Krimsky, S. , *Conflicts of Interest in Science: How Corporate-Funded Academic Research Can Threaten Public Health*, New York: Hot Books, 2019.

Krimsky, S. , *Science in the Private Interest: Has the Lure of Profits Corrupted Biomedical Research?* Lanham: Rowman and Littlefield, 2004.

Kroes, P. , "Science, Technology and Experiments: The Natural versus the Artificial", *PSA: Proceedings of the Biennial Meeting of the Philosophy of Science Association*, Vol. 1994, No. 2, 1994.

Kurath, M. , "Boundary Work and the Demarcation of Design Knowledge from Research", *Science & Technology Studies*, Vol. 28, No. 3, 2015.

Lakatos, I. , "Falsification and the Methodology of Scientific Research Programmes", in Lakatos, I. , and Musgrave, A. eds. , *Criticism and the Growth of Knowledge*, New York: Cambridge University Press, 1970.

Lam, A. , "From 'Ivory Tower Traditionalists' to 'Entrepreneurial Scientists'? Academic Scientists in Fuzzy University-Industry Boundaries", *Social Studies of Science*, Vol. 40, No. 2, 2010.

Lamont, M. , and Molnár, V. , "The Study of Boundaries in the Social Sciences", *Annual Review of Sociology*, Vol. 28, No. 1, 2002.

Latour, B. , *Aramis, or The Love of Technology*, trans. Porter C. , Cambridge, MA: Harvard University Press, 1996.

Latour, B. , *Pandora's Hope: Essays on the Reality of Science Studies*, Cambridge: Harvard University Press, 1999.

Latour, B. , *Reassembling the Social: An Introduction to Actor-network-theory*, Oxford: Oxford University Press, 2005.

Latour, B. , *The Pasteurization of France*, Cambridge, Massachusetts: Harvard University Press, 1988.

Laudan, L. , "The Demise of the Demarcation Problem", in Cohen R. S. and Laudan, L. eds. , *Physics, Philosophy and Psychoanalysis*, Dordrecht: D. Reidel Publishing Company, 1983.

Mahner, M. , "Demarcating Science from Non-science", in Kuipers, T. A. F. ed. , *Handbook of the Philosophy of Science: General Philosophy of Science—Focal Issues*, Amsterdam: Elsevier, 2007.

Mahner, M. , "Science and Pseudoscience: How to Demarcate after the (Alleged) Demise of the Demarcation Problem", in Pigliucci, M. , and Boudry, M. eds. , *Philosophy of Pseudoscience: Reconsidering the Demarcation Problem*, London: The University of Chicago Press, 2013.

Martin, B. , *The Bias of Science*, Canberra: Society for Social Responsibility of Science, 1979.

McCrary, S. V. , Anderson, C. B. , and Jakovljevic, J. K. et al. , "A National Survey of Policies on Disclosure of Conflicts of Interest in Biomedical Research", *New England Journal of Medicine*, Vol. 343, No. 11, 2000.

Medawar, P. , "Is the Scientific Paper a Fraud?" *Listener*, No. 70, 1963.

Mill, J. S. , *A System of Logic, Ratiocinative and Inductive*, Honolulu: University Press of the Pacific, 1843.

Mizrachi, N. , Judith, S. , and Sky, G. , "Boundary at Work: Alternative Medicine in Biomedical Settings", *Sociology of Health & Illness*, Vol. 27, No. 1, 2005.

Monney, C. , *The Republican War on Science*, New York: Basic Book, 2006.

Needham, P. , "Duhem and Quine", *Dialectica*, Vol. 54, No. 2, 2000.

Nickles, T. , "Lakatosian Heuristics and Epistemic Support", *British Journal for the Philosophy of Science*, Vol. 38, No. 2, 1987.

Nickles, T, "The Problem of Demarcation: History and Future", in Pigliucci, M. , and Boudry, M. eds. , *Philosophy of Pseudoscience: Re-*

considering the Demarcation Problem, London: The University of Chicago Press, 2013.

Nordmann, A. , Radder, H. , and Scheimann, G. , *Science Transformed Debating Claims of an Epochal Break*, Pittsburgh: University of Pittsburgh Press, 2011.

Nowotny, H. , "Democratising Expertise and Socially Robust Knowledge", *Science and Public Policy*, Vol. 30, No. 3, 2003.

Pigliucci, M. and Boudry, M. eds. , *Philosophy of Pseudoscience: Reconsidering the Demarcation Problem*, London: The University of Chicago Press, 2013.

Pigliucci, M. , *Nonsense on Stilts: How to Tell Science from Bunk*, Chicago: University of Chicago Press, 2010.

Pigliucci, M. , "Species as Family Resemblance Concepts: The (Dis-) solution of the Species Problem?" *BioEssays*, Vol. 25, No. 6, 2003.

Pigliucci, M. , "The Demarcation Problem: A (Belated) Response to Laudan", in Pigliucci, M. , and Boudry, M. eds. , *Philosophy of Pseudoscience: Reconsidering the Demarcation Problem*, London: The University of Chicago Press, 2013.

Pinch, T. J. , "Kuhn—The Conservative and Radical Interpretations: Are Some Mertonians ' Kuhnians ' and Some Kuhnians ' Mertonians ' ?" *Social Studies of Science*, Vol. 27, No. 3, 1997.

Popper, K. , *Conjectures and Refutations: The Growth of Scientific Knowledge*, New York: Basic Books, 1962.

Prothero, D. , "The Holocaust Denier's Playbook and the Tobacco Smokescreen", in Pigliucci, M. , and Boudry, M. eds. , *Philosophy of Pseudoscience: Reconsidering the Demarcation Problem*, London: The University of Chicago Press, 2013.

Ravetz, J. R. , *Scientific Knowledge and Its Social Problems*, Oxford: Clarendon Press, 1971.

Reichenbach, H. , *Experience and Prediction: An Analysis of the Foundations and the Structure of Knowledge*, Chicago: The University of Chicago

Press, 1938.

Rheinberger, H. J. , "Gaston Bachelard and the Notion of 'Phenomeno-technique'", *Perspectives on Science*, Vol. 13, No. 3, 2005.

Rorty, R. , *Philosophy and the Mirror of Nature*, Princeton: Princeton U-niversity Press, 1979.

Rothbart, D. , "Demarcating Genuine Science from Pseudoscience", in Grim, P. ed. , *Philosophy of Science and the Occult*, Albany: State U-niversity of New York Press, 1982.

Savulescu, J. , "Harm, Ethics Committees and the Gene Therapy Death", *Journal of Medical Ethics*, Vol. 27, No. 3, 2001.

Simon Shackley and Brian Wynne, "Representing Uncertainty in Global Cli-mate Chance Science and Policy: Boundary-ordering Devices and Authori-ty", *Science & Technology & Human Values*, Vol. 21, No. 3, 1996.

Shapiro, B. , *Probability and Certainty in Seventeenth-Century England: A Study of the Relations between Natural Science, Religion, History, Law and Literature*, Princeton, NJ: Princeton University Press, 1983.

Siegel, D. S. , Mike W. , and Andy L. , "The Rise of Entrepreneurial Activity at Universities: Organizational and Societal Implications", *In-dustrial and Corporate Change*, Vol. 16, No. 4, 2007.

Stanford, K. , *Exceeding Our Grasp: Science, History, and the Problem of Unconceived Alternatives*, New York: Oxford University Press, 2006.

Stark, A. , *Conflict of Interest in American Public Life*, Cambridge: Har-vard University Press, 2000.

Stark, A. , *Conflict of Interest in Canada, Conflict of Interest and Public Life*, New York: Cambridge University Press, 2008.

Susan L. Star and James R. Griesemer, "Institutional Ecology, 'Transla-tions' and Boundary Objects: Amateurs and Professionals in Berkeley's Museum of Vertebrate Zoology, 1907 – 39", *Social Studies of Science*, Vol. 19, No. 3, 1989.

Stolberg, S. G. , "University Restricts Institute after Gene Therapy Death", *New York Times*, May 25, 2000, A18.

Suárez, M. , "Experimental Realism Reconsidered: How Inference to the Most Likely Cause Might Be Sound", in Hartmann, S. , Hoefer, C. , and Bovens, L. eds. , *Nancy Cartwright's Philosophy of Science*, New York, London: Routledge, 2008.

Thagard, P. , *Computational Philosophy of Science*, Cambridge, MA: MIT Press, 1988.

Thompson, D. F. , "Understanding Financial Conflicts of Interest: Sounding Board", *New England Journal of Medicine*, Vol. 329, No. 8, 1993.

Toumey, C. , *Conjuring Science: Scientific Symbols and Cultural Meanings in American Life*, New Brunswick, NJ: Rutgers University Press, 1996.

Varma, R. , "Changing Research Cultures in U. S. Industry", *Science, Technology & Human Values*, Vol. 25, No. 4, 2000.

Vollmer, G. , *Wissenschastheorie im Einsatz: Beiträge zu Einer Selbstkritischen Wissenschasphilosophie*, Stuttgart: Hirzel Verlag, 1993.

Wainwright, S. P. , Williams, C. , and Michael, M. et al. , "Ethical Boundary-work in the Embryonic Stem Cell Laboratory", *Sociology of Health & Illness*, Vol. 28, No. 6, 2006.

Whewell, W. , *The Philosophy of the Inductive Sciences*, London: Parker, 1840.

Wilson, E. O. , *Consilience: The Unity of Knowledge*, New York: Vintage Books, 1998.

Wilson, F. , *The Logic and Methodology of Science and Pseudoscience*, Toronto: Canadian Scholars' Press, 2000.

Woodhouse, E. , Hess, D. , and Breyman, S. et al. , "Science Studies and Activism: Possibilities and Problems for Reconstructivist Agendas", *Social Studies of Science*, Vol. 32, No. 2, 2002.

Worrall, J. , "Normal Science and Dogmatism, Paradigms and Progress: Kuhn 'versus' Popper and Lakatos", in Nickles T. ed. , *Thomas Kuhn*, New York: Cambridge University Press, 2003.

2. 中文参考文献

艾志强：《科学划界：从清晰到模糊》，《山东社会科学》2006 年第
12 期。

蔡仲：《科学技术研究中的"实践唯物论"——〈当代理论的实践转
向〉评述》，《科学与社会》2013 年第 1 期。

陈健：《方法作为科学划界标准的失败》，《自然辩证法通讯》1990 年
第 6 期。

陈健：《科学划界的多元标准》，《自然辩证法通讯》1996 年第 3 期。

陈健：《科学划界——论科学与非科学及伪科学的区分》，东方出版社
1997 年版。

陈健：《异质性与科学划界——L. 劳丹的划界理论》，《哲学研究》
1994 年第 9 期。

陈其荣、曹志平：《"广义科学划界"探究》，《华南理工大学学报》
（社会科学板）2004 年第 5 期。

黄翔：《以科学实践为中心来探讨科学客观性——朗基诺的〈重新认
识证据和不完全决定性〉》，《哲学分析》2015 年第 6 期。

黄欣荣：《从确定到模糊——科学划界的历史嬗变》，《科学·经济·
社会》2003 年第 4 期。

刘鹏：《空间视角下的库恩与拉图尔》，《江苏社会科学》2012 年第
5 期。

孟强：《科学划界：从本质主义到建构论》，《科学学研究》2004 年第
6 期。

孙思：《重建科学划界标准》，《自然辩证法研究》2005 年第 10 期。

王巍：《我们如何拒斥伪科学？——从绝对到多元的科学划界标准》，
《科学学研究》2004 年第 2 期。

魏刘伟、［美］艾娃·卡夫曼：《布鲁诺·拉图尔——为科学辩护的
后真相哲学家》，《世界科学》2019 年第 2 期。

张增一：《创世论与进化论的世纪之争》，中山大学出版社 2006
年版。

张增一：《科学划界："猴子审判"案例分析》，《现代哲学》2006 年

第 6 期。

赵万里：《科学的社会建构——科学知识社会学的理论与实践》，天津
　　人民出版社 2011 年版。

[奥] 埃德蒙德·胡塞尔：《欧洲科学危机和超验现象学》，张庆熊
　　译，上海译文出版社 1988 年版。

[奥] 卡尔·波普尔：《科学发现的逻辑》，查汝强、邱仁宗、万木春
　　译，中国美术学院出版社 2007 年版。

[德] 鲁道夫·卡尔纳普：《世界的逻辑构造》，陈启伟译，上海译文
　　出版社 1999 年版。

[德] 路德维希·维特根斯坦：《逻辑哲学论》，郭英译，商务印书馆
　　1985 年版。

[德] 路德维希·维特根斯坦：《哲学研究》，陈嘉映译，上海人民出
　　版社 2001 年版。

[德] 乌尔里希·贝克：《风险社会》，何博闻译，译林出版社 2004
　　年版。

[德] 伊曼努尔·康德：《康德三大批判合集》，邓晓芒译，人民出版
　　社 2009 年版。

[德] 尤尔根·哈贝马斯：《现代性的哲学话语》，曹卫东译，译林出
　　版社 2011 年版。

[德] 尤斯图斯·伦次、彼得·魏因加特：《政策制定中的科学咨询：
　　国际比较》，王海芸等译，上海交通大学出版社 2015 年版。

[俄] 亚历山大·柯瓦雷：《伽利略研究》，刘胜利译，北京大学出版
　　社 2008 年版。

[法] 爱米尔·涂尔干：《社会分工论》，渠东译，生活·读书·新知
　　三联书店 2000 年版。

[法] 布鲁诺·拉图尔：《科学在行动——怎样在社会中跟随科学家
　　和工程师》，刘文旋、郑开译，东方出版社 2006 年版。

[法] 布鲁诺·拉图尔：《我们从未现代过：对称性人类学论集》，刘
　　鹏、安涅斯译，苏州大学出版社 2010 年版。

[法] 布鲁诺·拉图尔、[英] 史蒂夫·伍尔加：《实验室生活：科学
　　事实的建构过程》，张伯霖、习小英译，东方出版社 2004 年版。

［法］迈克尔・卡伦、布鲁诺・拉图尔：《不要借巴斯之水泼掉婴儿：答复柯林斯与耶尔莱》，载［美］安德鲁・皮克林编《作为实践和文化的科学》，柯文、伊梅译，中国人民大学出版社 2006 年版。

［法］米歇尔・福柯：《规训与惩罚》，刘北成、杨远婴译，生活・读书・新知三联书店 2012 年版。

［法］莫里斯・梅洛－庞蒂：《知觉现象学》，姜志辉译，商务印书馆 2001 年版。

［法］皮埃尔・布尔迪厄：《科学的社会用途：写给科学场的临床社会学》，刘成富等译，南京大学出版社 2005 年版。

［法］皮埃尔・布尔迪厄：《科学之科学与反观性》，陈圣生等译，广西师范大学出版社 2006 年版。

［法］皮埃尔・布尔迪厄、［美］罗克・华康德：《实践与反思——反思社会学导论》，李猛、李康译，中央编译出版社 1998 年版。

［法］皮埃尔・迪昂：《物理学理论的目的和结构》，李醒民译，华夏出版社 1999 年版。

［法］让－弗朗索瓦・利奥塔：《后现代状态》，车槿山译，南京出版社 2011 年版。

［古希腊］亚里士多德：《亚里士多德全集》（第 7 卷），苗力田译，中国人民大学出版社 1993 年版。

［加］瑟乔・西斯蒙多：《科学技术学导论》，许为民等译，上海科技教育出版社 2007 年版。

［加］伊恩・哈金：《表征与干预：自然科学哲学主题导论》，王巍、孟强译，科学出版社 2010 年版。

［加］伊恩・哈金：《介入实验室研究的自由的非实在论者（上）》，黄秋霞译，《淮阴师范学院学报》2014 年第 1 期。

［加］伊恩・哈金：《介入实验室研究的自由的非实在论者（下）》，黄秋霞译，《淮阴师范学院学报》2014 年第 2 期。

［加］伊恩・哈金：《实验室科学的自我辩护》，载［美］安德鲁・皮克林编《作为实践和文化的科学》，柯文、伊梅译，中国人民大学出版社 2006 年版。

［美］R. K. 默顿：《科学的规范结构》，林聚任译，《哲学译丛

2000 年第 3 期。

［美］R. K. 默顿：《科学社会学：理论与经验研究》，鲁旭东、林聚任译，商务印书馆 2016 年版。

［美］V. 布什等：《科学——没有止境的前沿：关于战后科学研究计划提交给总统的报告》，范岱年、解道华等译，商务印书馆 2004 年版。

［美］W. V. O. 蒯因：《从逻辑的观点看》，陈启伟等译，中国人民大学出版社 2007 年版。

［美］安德鲁·皮克林：《构建夸克》，王文浩译，湖南科技大学出版社 2011 年版。

［美］安德鲁·皮克林：《实践的冲撞》，邢冬梅译，南京大学出版社 2004 年版。

［美］安德鲁·皮克林：《作为实践和文化的科学》，柯文、伊梅译，中国人民大学出版社 2006 年版。

［美］戴维·B. 雷斯尼克：《真理的代价：金钱如何影响科学规范》，蔡仲、韦敏译，南京大学出版社 2019 年版。

［美］戴维·B. 雷斯尼克：《政治与科学的博弈：科学独立性与政府监督之间的平衡》，陈光、白成太译，上海交通大学出版社 2015 年版。

［美］海伦·朗基诺：《知识的命运》，成素梅、王不凡译，上海译文出版社 2016 年版。

［美］卡林·诺尔–塞蒂纳：《实验室研究——科学论的文化进路》，载［美］希拉·贾撒诺夫等编《科学技术论手册》，盛晓明等译，北京理工大学出版社 2004 年版。

［美］克利福德·格尔茨：《文化的解释》，韩莉译，译林出版社 1999 年版。

［美］拉里·劳丹：《进步及其问题》，方在庆译，上海译文出版社 1993 年版。

［美］拉里·劳丹：《科学与价值——科学的目的及其在科学争论中的作用》，殷正坤、张丽萍译，福建人民出版社 1989 年版。

［美］罗伯特·吉本斯等：《知识生产的新模式：当代社会科学与研

究的动力学》，陈洪捷、沈文钦等译，北京大学出版社 2011 年版。

［美］马克·埃里克森：《科学、文化与社会：21 世纪如何理解科学》，孟凡刚、王志芳译，上海交通大学出版社 2017 年版。

［美］玛西娅·安吉尔：《制药业的真相》，续芹译，北京师范大学出版社 2006 年版。

［美］迈克尔·林奇：《科学实践与日常活动》，邢冬梅译，苏州大学出版社 2010 年版。

［美］内奥米·奥利斯克斯、埃里克·康韦：《贩卖怀疑的商人》，于海生译，华夏出版社 2013 年版。

［美］史蒂文·夏平、西蒙·谢弗：《利维坦与空气泵：霍布斯、玻意耳与实验生活》，蔡佩君译，上海世纪出版集团 2008 年版。

［美］托马斯·吉瑞恩：《科学的边界》，载［美］希拉·贾撒诺夫等编《科学技术论手册》，盛晓明等译，北京理工大学出版社 2004 年版。

［美］托马斯·库恩：《必要的张力》，范岱年、纪树立译，北京大学出版社 2004 年版。

［美］托马斯·库恩：《结构之后的路》，邱慧译，北京大学出版社 2012 年版。

［美］托马斯·库恩：《科学革命的结构》，金吾伦等译，北京大学出版社 2012 年版。

［美］威尔海姆·赖希：《库恩扼杀了逻辑经验主义吗?》，《哲学译丛》1993 年第 5 期。

［美］希拉·贾撒诺夫等：《科学技术论手册》，盛晓明等译，北京理工大学出版社 2004 年版。

［美］约翰·卡雷鲁：《坏血：一个硅谷巨头的秘密与谎言》，成起宏译，北京联合出版公司 2019 年版。

［美］约瑟夫·劳斯：《涉入科学：如何从哲学上理解科学实践》，戴建平译，苏州大学出版社 2010 年版。

［美］约瑟夫·劳斯：《知识与权力——走向科学的政治哲学》，盛晓明等译，北京大学出版社 2004 年版。

［葡］安吉拉·吉马良斯·佩雷拉、［英］西尔维奥·芬特维兹：《为

了政策的科学：新挑战与新机遇》，宋伟等译，上海交通大学出版社 2015 年版。

［英］A. J. 艾耶尔：《语言、真理与逻辑》，尹大贻译，上海译文出版社 2006 年版。

［英］B. 巴恩斯、D. 布鲁尔：《相对主义、理性主义和知识社会学》，鲁旭东译，《哲学译丛》2000 年第 1 期。

［英］大卫·布鲁尔：《知识和社会意象》，艾彦译，东方出版社 2001 年版。

［英］菲利普·基切尔：《科学、真理与民主》，胡志强、高懿译，上海交通大学出版社 2015 年版。

［英］伊姆雷·拉卡托斯：《科学研究纲领方法论》，兰征译，上海译文出版社 1986 年版。

［英］约翰·齐曼：《真科学》，曾国屏、匡辉、张成岗等译，上海科技教育出版社 2002 年版。

后　记

本书是在我的博士论文基础上修改完成的。在本书的写作过程中，蔡仲教授、刘鹏教授给予我极大的帮助和指导，在此深表感谢。

在南京大学哲学系硕博连读期间，我在导师蔡仲教授的指导下，翻译了《伪科学哲学——重审科学划界》一书的序言和前两章。自此，我开始对劳丹之后的科学划界研究产生了兴趣。但是因为科学划界问题过于经典，所以在与蔡仲教授的交流讨论过程中，我又确定将S&TS的划界研究与当代创业型科学的现实转向联系在一起，试图在S&TS的视域下重审划界问题。也是在这一过程中，刘鹏教授在内容细节上，特别是科学哲学实践转向研究方面，给予我细心的指导，使得我写作思路不断清晰，逻辑更加严谨。然后，基于对现实的关怀，我又试图通过描述性（案例研究）与规范性（哲学研究）相结合的方式，以及对他者的反思与对主体的重塑相结合的方式，重新审视科学划界在科学技术市场化趋势中的认知与社会价值，这可以为保护科技创新创业免受各种冲突或风险侵扰，提供一种强有力的思想武器。

感谢南京大学马克思主义学院对本书出版的支持。由于个人学识尚浅，书中还存在一些不成熟的地方，需要进一步完善。恳请各位专家学者批评指正。

黄秋霞

2022 年 5 月 4 日